ÉPISODES DE LA RÉVOLUTION FRANÇAISE

DANS LE DÉPARTEMENT DE SEINE-ET-OISE

LA DISETTE DE 1789 A 1792

JUSQU'A LA LOI DU MAXIMUM

VERSAILLES. — IMPRIMERIE DE E. AUBE
6, Avenue de Sceaux, 6

ÉPISODES DE LA RÉVOLUTION FRANÇAISE

DANS LE DÉPARTEMENT DE SEINE-ET-OISE

LA

DISETTE DE 1789 A 1792

JUSQU'A LA LOI DU MAXIMUM

PAR M. DRAMARD

MEMBRE DE LA SOCIÉTÉ DES SCIENCES MORALES
LETTRES ET ARTS DE SEINE-ET-OISE

VERSAILLES

IMPRIMERIE DE E. AUBERT

6, avenue de Sceaux, 6

1872

LA DISETTE DE 1789 A 1792

JUSQU'A LA LOI DU MAXIMUM.

I

La disette, qui fut en permanence de 1789 à 1793, ne fut pas l'écueil le moins périlleux que la Révolution rencontra dans sa marche. Les premiers mois de l'année 1792 furent surtout agités par des troubles graves qui se produisirent simultanément dans plusieurs départements voisins de Paris; quelques épisodes en furent signalés par des meurtres et des pillages qui nécessitèrent le déploiement de toute la force armée dont pouvait disposer à ce moment le pouvoir exécutif. Ces désordres se rattachent aux événements politiques les plus importants ; ils créèrent des embarras sérieux au gouvernement, en même temps qu'ils servirent à exciter les passions des partis : royalistes et jacobins s'appliquèrent à en répudier la responsabilité pour la rejeter chacun sur ses adversaires. Différemment interprétés par les publicistes et les historiens, ils sont demeurés comme une sorte de problème historique et politique avec tant d'autres faits de cette époque encore si mal connue. J'ai essayé de les mettre

1

en lumière en prenant pour exemple les troubles dont le département de Seine-et-Oise fut le théâtre, et dont l'acte le plus regrettable et en même temps le plus saillant fut le meurtre du maire d'Étampes, Simonneau. La gravité de cet épisode parut telle à cette époque qu'il prit les proportions d'un événement de premier ordre, en donnant lieu à une manifestation solennelle de l'Assemblée dans une fête nationale, qui fut comme une protestation publique du parti constitutionnel contre la démagogie désormais triomphante et contre la triste fête célébrée deux mois auparavant, en l'honneur des Suisses révoltés du régiment de Châteauvieux.

Ces mouvements populaires, qui se produisirent en même temps dans plusieurs des départements les plus rapprochés de la capitale, avaient encore, à un autre point de vue, une grande portée, en ce qu'ils témoignaient des sentiments des populations rurales et qu'ils nous donnent le spectacle de la révolution dans les campagnes, bien qu'en apparence ils semblent n'avoir aucun rapport avec l'agitation qui avait déjà fait explosion à Paris. Les historiens nous ont trop habitués à prendre pour seule expression de l'opinion publique de la France entière celle des passions du peuple parisien; il est intéressant de voir comment les paysans entendaient le drame dans lequel ils voulaient aussi jouer un rôle. A divers titres les faits dont il est question ont donc une importance remarquable, non pas seulement dans l'histoire locale, mais encore dans l'histoire générale du pays.

Les événements que je me propose de raconter ont eu autant pour prétexte que pour cause la circulation des grains et des farines. Ce n'est pas que bien des mouvements ne se fussent déjà produits dans les campagnes, depuis le commencement de la Révolution; les populations rurales étaient dans une agitation continuelle : la question des subsistances y était bien pour quelque chose ; mais en 1791 et 1792, ce fut pour les uns la cause principale, pour quelques autres le seul prétexte des troubles. Avant donc d'en aborder le récit, il est utile de rappeler en quelques mots quelle était alors l'état de cette question économique.

On sait qu'il n'y a pas un siècle que la liberté du commerce dans l'intérieur de la France a été proclamée. Jusque-là, notamment en ce qui concerne les subsistances, des entraves de toute espèce, douanes intérieures, règlements des marchés, prohibitions, monopoles, paralysaient le commerce, et, en mettant obstacle à la diffusion des denrées, entretenaient la famine et ruinaient les provinces. Adoptant les principes de la législation romaine, la monarchie française avait pour maxime que l'intérêt de sa sécurité exigeait que le petit peuple, et surtout celui de Paris et des grandes villes, fût toujours suffisamment approvisionné, n'importe à quel prix et par quels moyens, mais en tempérant cette règle par l'odieux principe qu'il était bon que ce même petit peuple ressentît quelquefois les atteintes de la faim pour qu'il fût plus facile à mater (1). De là des règlements stupides sur le commerce des grains, l'industrie de la meunerie

_____

(1) « La pauvreté habituelle du peuple des campagnes avait donné naissance à des maximes qui n'étaient pas propres à la faire cesser. « Si les peuples étaient à l'aise, avait écrit Richelieu, dans « son testament politique, difficilement resteraient-ils dans les rè- « gles. » Au XVIIIᵉ siècle on ne va plus si loin, mais on croit encore que le paysan ne travaillerait point s'il n'était constamment ai- guillonné par la nécessité : la misère y paraît la seule garantie contre la paresse. C'est là précisément la théorie que j'ai entendu quelquefois professer à l'occasion des nègres de nos colonies. Cette opinion est si répandue parmi ceux qui gouvernent, que presque tous les économistes se croient obligés de la combattre en forme. » (Al. de Tocqueville, *l'Ancien Régime*, etc., p. 218.) Lire tout le cha- pitre duquel est extrait ce passage ; il contient un tableau saisis- sant de la misère du peuple au dernier siècle.

et de la boulangerie; mis à exécution par une police tra-
cassière, ils avaient pour conséquence habituelle la famine, des maladies contagieuses, et très fréquemment
des insurrections des paysans (1). De son côté, le laboureur, continuellement vexé, mis à réquisition, obligé de
céder son blé à des prix fixés par l'administration, n'a-
vait aucun souci d'améliorer sa culture, et se trouvait
hors d'état d'augmenter sa production. Les procédés de
panification eux-mêmes entretenaient la pénurie par une
déperdition considérable de la matière. Le gluten, la
partie la plus nutritive du blé, était rejetée comme indi-
gne d'entrer dans le corps humain, et défense était faite
d'en faire usage, de par des arrêts de parlement, et sous
peine d'amendes considérables; l'amidon seul était employé; le pauvre se cachait pour consommer les résidus
destinés d'ordinaire aux animaux. Suivant certaines es-
timations, il fallait, sous François Ier, et même encore
sous Louis XIV, trois setiers de blé en moyenne par individu; « seulement, vers 1520, on ne tirait au setier (120 kilos)
que 72 kilos de pain mangeable, et le rendement était
déjà beaucoup plus satisfaisant vers 1680. De nos jours,
moins d'un setier et un tiers par tête (157 kilos) suffisent
pour que chaque Parisien mange du pain blanc (2). »
Encore, la variété des aliments en usage étant bien plus
restreinte alors qu'aujourd'hui, la consommation du pain
ordinaire était double. Ce ne fut qu'après 1725 que l'u-
sage des pains de gruau commença de s'établir.

Ajoutez à cela qu'à la première apparition de crise ali-
mentaire les magistrats étaient les premiers à donner

(1) Les historiens ont compté 64 grandes famines du Xe au
XVIIIe siècles; quant à la disette, elle était permanente. V. sur toutes
ces questions un travail intéressant de M. A. Cochut « Le pain à
Paris, » dans la *Revue des Deux-Mondes*, 15 août et 17 sept. 1863.
(2) A. Cochut, *loc. cit.*

l'alarme par des proclamations annonçant que le pain allait devenir cher et dénonçant les accapareurs, paralysant ainsi les efforts du commerce pour remédier au mal par l'augmentation de ses réserves et de ses approvisionnements. Le clergé suivait cet exemple, et pendant trois dimanches consécutifs, un *monitoire* fait au prône signalait aux fidèles des *quidams* mal intentionnés qui auraient enlevé, diverti ou recélé les blés nécessaires à l'approvisionnement du peuple.

Que de causes pour entretenir la famine! Il faut en citer une dernière, le monopole, et par dessus tout celui qui a été flétri si justement du nom de *pacte de famine*. Une société s'était formée sous Louis XV, et avait obtenu un privilége, assez vaguement caractérisé, pour le commerce des grains. Elle était autorisée à faire l'exportation, jusque-là sévèrement interdite; l'objet apparent était de faire de la mouture économique, d'après les procédés, très avantageux d'ailleurs, d'un meunier banqueroutier, Malisset, qui était l'âme de la Société (1); le but occulte était l'accaparement des grains (2). Louis XV, ses maîtresses, l'abbé Terrai, les courtisans étaient actionnaires ou croupiers dans l'opération. La Société disparut pendant quelque temps, sous Louis XVI et Turgot; elle reprit une nouvelle activité vers 1787 pour finir d'une façon tragique par l'horrible supplice de deux de ses membres les plus actifs et les plus impitoyables, Foulon et Berthier, premières vic-

(1) V. dans le *Moniteur* de 89 le *factum* où se trouve le traité constitutif de la Société Malisset: c'est le manifeste des haines populaires; tous les faits sont vrais, mais interprétés par la passion enflammée de l'époque.
(2) Ainsi la Société était accusée d'exporter tous les grains à Jersey et ailleurs, où elle les emmagasinait pour les faire rentrer quand la famine s'était déclarée; la famine pouvait ainsi se produire dans une année de récolte suffisante.

times de la haine et de la vengeance du peuple affamé.

Au milieu de circonstances semblables, il n'est point surprenant que la terreur de la famine pesât constamment sur l'esprit des classes laborieuses. Ce qui est plus fâcheux, c'est que dans ces classes mêmes, une division d'intérêts résultait du système économique et établissait un antagonisme irritant. D'un côté était le peuple des villes, de Paris et des grands centres, qui ne produisaient pas de denrées alimentaires, et qu'il fallait à tout prix nourrir pour maintenir la tranquillité. De l'autre côté était le peuple des campagnes que l'on forçait à nourrir l'ogre des cités, et qui craignait toujours qu'on ne l'affamât lui-même en lui enlevant le blé qu'il avait produit, blé trop souvent indispensable pour la totalité à sa propre consommation. A cette idée fixe de part et d'autre, à cette préoccupation constante se joignaient des soupçons trop bien justifiés d'accaparement, de spéculation sur la misère du pauvre, des préjugés invétérés, et des principes économiques absurdes (1).

En 1763 cependant, des principes tout contraires avaient fini par se faire jour, grâce à l'influence d'économistes qui ont formé sous le nom de *physiocrates* une école célèbre ; on sait que Turgot en fut le plus illustre

(1) L'accaparement est resté un préjugé populaire partagé par plus d'un bon esprit ; c'est le fruit du *pacte de famine*, qui avait en effet pour objet un véritable accaparement favorisé par la législation elle-même. Il a pesé sur les destinées de la monarchie, de Louis XVI et de sa famille, que le peuple parisien appelait *le boulanger, la boulangère et le petit mitron*, et qui étaient constitués responsables des fautes, on pourrait dire du crime de Louis XV, s'il s'était mieux rendu compte des effets pernicieux du privilége qu'il avait accordé. Aujourd'hui de semblables manœuvres ne pourraient plus se produire, aussi bien parce que l'économie de la législation et la liberté du commerce, tant pour *vendre* que pour *acheter*, s'y opposent, que parce qu'elles ne pourraient être pratiquées qu'individuellement. Une Société comme la Société Malisset, ne pouvant se constituer aujourd'hui, les ressources d'un particulier seraient insuffisantes pour exercer une influence sen-

représentant. Depuis cette époque, la législation des céréales a subi bien des vicissitudes; elle a fait bien des pas
rétrogrades; c'est une longue histoire, fastidieuse même,
pour tout autre qu'un économiste. Je n'entreprendrai
donc pas d'en esquisser même les traits principaux; je
tiens seulement à en préciser l'état à l'époque qui nous
occupe afin de faire mieux comprendre quelle situation
elle avait faite au pays et surtout aux campagnes.

Le commerce des denrées et substances alimentaires,
principalement celui des grains, expose ceux qui s'y livrent à bien des haines et à bien des injustices. Si le blé
est à bon marché, les cultivateurs, les paysans, tous ceux
qui sont attachés à la terre s'écrient que l'introduction
des blés étrangers avilit les prix et les réduit à la misère,
et ils s'en prennent aux agents de cette introduction. Si
le blé est cher, la masse énorme de ceux qui ne vivent
que du travail de leurs mains, en rendent responsables
les marchands, les accusent de spéculer sur leur détresse,
d'accaparer, de faire la famine. Nous venons de voir qu'au
XVIIIᵉ siècle, il n'y avait pas là seulement un préjugé, et que
cette idée, enracinée dans tous les esprits, était la conséquence de plusieurs siècles de souffrances, et s'appuyait

sible et durable sur le cours des denrées; dans une année comme
celle que nous avons traversée en 1868, en évaluant à 12 millions
d'hectolitres la quantité manquant, au prix de 30 fr. l'hectolitre,
il ne faudrait pas moins de 360 millions de francs pour l'acheter.
Loin donc de maudire les spéculateurs qui se chargent de découvrir, de faire venir du dehors, et de concentrer dans leurs greniers
les blés nécessaires pour combler le déficit, il faut leur savoir gré
de la prévoyance avec laquelle, devinant le renchérissement, ils
s'empressent d'approvisionner leurs magasins; ils maintiennent des
cours élevés, sans doute, mais toujours uniformes, et empêchent
ainsi les ressources de s'épuiser trop vite, et les prix d'atteindre le
taux de famine. Nous en avons eu un exemple il y a trois ans, lorsqu'en France nous subissions d'une façon bien moins pénible les
effets de l'insuffisance des récoltes, tandis que chez plusieurs de
nos voisins la rareté a pris les proportions d'une véritable famine, et
la misère est devenue extrême.

sur des faits dont aucun sophisme ne peut dissimuler l'immoralité. Les physiocrates, qui ne se trompaient pas sur la nature et la cause du mal, n'y voyaient qu'un remède : supprimer toutes les entraves qui gênaient le commerce et empêchaient les denrées de se répandre partout où elles manquaient. Dans le préambule d'un arrêt du Conseil, à jamais célèbre, sur cette matière (13 sept. 1774), Turgot proclamait que tous les obstacles apportés au commerce des grains, et les obligations multipliées auxquelles on avait voulu astreindre ceux qui s'y livraient n'avaient d'autre effet que d'en éloigner les gens honnêtes et disposant de capitaux suffisants, en même temps qu'ils maintenaient ces denrées à un taux toujours élevé; que, d'un autre côté, ils excitaient dans les temps de disette les méfiances populaires et trompaient les classes nécessiteuses sur les causes du mal et les moyens d'y porter remède. « C'est alors, dit-il, que les administrateurs, égarés par une inquiétude qu'augmente encore celle des peuples, se livrent à des recherches effrayantes dans les maisons des citoyens, se permettent d'attenter à la liberté, à la propriété, à l'honneur des commerçants, des laboureurs, de tous ceux qu'ils soupçonnent de posséder des grains. Le commerce vexé, outragé, dénoncé à la haine du peuple, fuit de plus en plus; la terreur monte à son comble, le renchérissement n'a plus de bornes, et toutes les mesures de l'administration sont rompues. »

Les principes de Turgot et de ses amis furent attaqués avec une grande véhémence par des publicistes distingués, en tête desquels il suffit de nommer le financier Necker. Il ne me convient pas, non plus qu'à mon sujet, de prendre parti sur cette question si grave, et non encore définitivement résolue, de la liberté du commerce des grains; mais il était nécessaire de préciser les deux théories en présence, parce qu'à l'époque où Turgot fit adopter la mesure dont je viens de parler, elles passionnaient l'opinion plus encore qu'aujourd'hui; pendant la Révolution elles se retrouvent au fond de tous les débats de nos assemblées politiques, et elles furent tour à tour appliquées par elles; l'on passa de la liberté illimitée du commerce à la loi du *maximum*, et ces variations dans les principes appliqués donneront plus tard l'explication des événements que nous nous proposons de passer en revue (1).

La doctrine du contrôleur général était partagée par des hommes qui firent la Révolution, c'est-à-dire par la classe moyenne, la bourgeoisie qui arrivait alors au pouvoir, et elle fut conservée tant qu'elle s'y maintint :

(1) Les économistes qui se trouvaient en lutte sur la question d'exportation à l'étranger se rapprochaient sur la liberté de circulation à l'intérieur. « Quelqu'un sait-il si la France a du superflu en blé ? Est-on bien sûr qu'en allant offrir du blé à son ennemi on ne va pas en priver son frère ? Et comment le saurait-on, puisque la France, étant coupée de douanes intérieures, jamais les provinces abondantes n'ont encore pu secourir librement les provinces en détresse? Avant de permettre l'exportation, ne serait-il pas prudent de pourvoir à la libre circulation des grains dans l'intérieur du royaume ? » (Galiani, *Dial. sur le commerce des blés*, p. 135 et suiv.)

« Ne cherchant dans la question des grains qu'une occasion de combattre, au profit du peuple, le système de l'individualisme, et remontant aux principes constitutifs des sociétés, Necker les soumettait à un examen aussi élevé qu'audacieux.

« On dirait qu'un petit nombre d'hommes, écrivait Necker, après s'être partagé la terre, ont fait des lois d'union et de garantie contre la multitude, comme ils auraient mis des abris dans les bois, pour se défendre contre les bêtes sauvages. Cependant, on ose le dire, après avoir établi les lois de propriété, de justice et de liberté, on n'a presque rien fait encore pour la classe la plus nombreuse des citoyens. « Que nous importent vos lois de propriété, pourraient-ils dire ? Nous ne possédons rien ; vos lois de justice, nous n'avons rien à défendre ; vos lois de liberté, si nous ne travaillons pas demain, nous mourrons » (L. Blanc, *Rév. fr.*, t. 1er, p. 557 et 561).

Ces quelques lignes suffiront pour faire comprendre tous les problèmes sociaux qu'agitait déjà cette question de la liberté du commerce des grains.

mais ce ne fut pas sans avoir à lutter contre les tendances contraires de la démocratie, dont le système politique, consistant dans l'absorption de l'individu par l'État, poussait à une règlementation à outrance ; aussi, toutes les fois qu'elle en eut l'occasion, l'Assemblée constituante s'appliqua-t-elle à consacrer son système ; c'est ce qu'elle fit, notamment dans le décret du 26 novembre 1791, dont l'article 2 porte : « Les propriétaires, fermiers, cultiva- « teurs, commerçants et autres personnes faisant circu- « ler des grains, en remplissant les conditions exigées « par la loi, qui éprouveront des violences ou le pillage « de leurs grains, seront indemnisés par la nation, qui « reprendra la valeur de l'indemnité en l'imposant sur le « département dans lequel le désordre aura été commis : « le département fera porter cette charge sur le district, « et le district sur les communes dans le territoire des- « quelles le délit aura été commis et sur celles qui, ayant « été requises de prêter du secours pour maintenir la « libre circulation des grains, s'y seraient refusées, sauf à « elles à exercer leur recours solidaire contre les auteurs « des désordres.» Les dispositions de cette loi témoignent de la vivacité des dissentiments. En effet, à l'époque où se placent les faits que nous allons raconter, la lutte allait descendre des régions théoriques dans celle des actes.

Toutefois il faut reconnaître que si la disette et la lé- gislation sur les grains étaient la cause la plus directe de la fermentation qui se manifestait dans les campagnes, elle n'était pas la seule. On sait comment la journée du 14 juillet 1789 (prise de la Bastille) avait déchaîné toutes les haines accumulées dans le cœur des paysans par un système plus vexatoire et irritant qu'oppresif. La grande Bastille du despotisme royal étant tombée, toutes les petites bastilles qui rappelaient encore l'ancien despotisme féodal avaient dû tomber aussi, bien qu'elles ne fussent plus qu'un symbole d'un état de choses qui s'était heureusement bien adouci. L'explosion fut universelle. Une fois mis en mouvement, le peuple ne connut plus que l'agitation. En même temps se répandait le bruit que des brigands parcouraient la France pour dévaster les récoltes en vert. « De formidables émeutes éclatèrent à Saint-Denis, à Saint-Germain, à Poissy, et le sang coula au hasard, innocent ou coupable. Dans cette dernière localité, on supplicia, avec des raffinements de barbarie horribles, un malheureux qui avait bien voulu recevoir en dépôt chez lui quelques grains appartenant à la municipalité.

« ... Des bandes de brigands parcouraient les campagnes par troupes de vingt ou vingt-cinq, saccageant indifféremment les châteaux et les chaumières, répandant partout la terreur, coupant les blés, détruisant les récoltes et dévastant les greniers. Bientôt ils devinrent ces chauffeurs, ces brûleurs de pieds qui promenaient par toutes les provinces une terreur persévérante (1). »

Ainsi rien n'était tout à fait nouveau dans les événements dont les famines de 1789 et des années suivantes furent la cause. La Révolution n'avait pas produit une situation nouvelle au point de vue des subsistances, mais elle l'avait aggravée. Les passions politiques, qui se mêlèrent d'abord à cette cause de troubles, leur donnent un intérêt particulier inconnu jusque-là, et nous présentent un des aspects les plus curieux de cette époque si remarquable.

---

(1) E. Bonnemère, *Histoire des Paysans*, t. ii, p. 257. « Le paysan, pour repousser ces bandes, eut besoin d'armes, les demanda, les exigea des châteaux. Armé et maître, il détruisit les chartes où il voyait un instrument d'oppression..... Il faudrait pouvoir démêler dans cette scène immense et confuse ce qui appartient aux bandes errantes de pillards, de gens chassés par la famine, et ce que fit le paysan domicilié, la commune contre le seigneur » (Michelet, *Histoire de la Révolution*, t. 1er, p. 197 et 204).

II

A l'hiver exceptionnellement rigoureux de 1789 suc-
céda une année de famine; et la désorganisation momen-
tanée de la propriété rurale et du travail dans les campagnes n'était guère faite pour réparer ces désastres; dès
lors la disette et l'agitation populaire devinrent perma-
nentes : deux faits, à la fois cause et effet, réagissant
sans cesse l'un sur l'autre.

L'année 1792 s'était ouverte sous de plus tristes aus-
pices encore que les précédentes : un hiver rigoureux,
des craintes de famine, quoique non complétement justifiées, et rien pour combattre ces fléaux. La misère était
générale et à son comble; tous les travaux publics et privés avaient cessé presque partout. Les ci-devant seigneurs avaient émigré en masse, laissant inoccupés et
sans moyen d'existence leurs serviteurs et les ouvriers
qu'ils employaient d'ordinaire, emportant avec eux tout
le numéraire, toutes les richesses mobilières qu'ils avaient
pu réunir. Ceux qui étaient restés dans leurs terres ne
songeaient qu'à restreindre leurs dépenses, incertains
qu'ils étaient du lendemain. L'État, les établissements
publics, les communes, obérés déjà, ou sans ressources
disponibles, avaient suspendu tous les travaux. Les biens
ecclésiastiques et tous les domaines mis à la disposition
de la nation n'étaient pas encore organisés et demeu-
raient inexploités; tous les travaux nécessaires à leur
mise en valeur étaient négligés ou ne pouvaient s'exécuter, aussi bien faute de fonds qu'en raison de l'incertitude qui planait encore sur la validité des aliénations

faites par l'État de ces sortes de biens ; ceux qui s'en étaient rendus acquéreurs avaient peine à s'en croire définitivement investis, en présence des protestations contraires des anciens propriétaires évincés. Partout donc des hommes désœuvrés et affamés ; l'oisiveté et la faim, deux mauvaises conseillères, et aucune diversion aux excitations des journaux ou de la place publique (1).

La rigueur de l'hiver de 1791-92, en rendant plus insupportable le malaise général, fit partout éclater les mouvements séditieux. Dans les départements voisins de Paris, ceux de l'Eure, de l'Oise, de Seine-et-Marne et de Seine-et-Oise, se formèrent presque simultanément des soulèvements dont le mot d'ordre était la taxe des grains et du pain, et même des matières premières telles que le bois et le fer, etc.

Le 2 septembre 1791, des bateaux de blé à destination de Rouen furent arrêtés au port de Triel ; on prétendait qu'ils devaient être vendus à l'étranger ; on disait que des individus inconnus, tant à pied qu'à cheval, se tenaient sur le port semblant épier les circonstances. Le Directoire enjoignit à la municipalité de faire partir les bateaux ; au moment du départ, un étranger vêtu en garde national ameuta les femmes contre le conseil de la Commune et les excita à piller les bateaux.

Le 12, les marchés furent très agités à Etampes et à Gonesse : le prix du blé y fut taxé au-dessous du cours. Dans cette dernière ville, la gendarmerie fut insultée et menacée par les émeutiers, au nombre desquels furent

---

(1) Ces causes de la misère publique ressortent de tous les documents administratifs de l'époque ; elles ont été très bien expliquées dans l'*Histoire des Classes laborieuses en France*, de M. Ducellier, p. 308 et suiv., et dans une *Notice sur les troubles de l'Eure en 1792*, de M. Boivin-Champeaux (*Recueil de la Société de l'Eure*, 3ᵉ partie, t. VIII, p. 230 et suiv.).

remarqués quelques gardes nationaux d'Aulnay, qui avaient escorté des blés sur le marché. Les mêmes faits se renouvelèrent la semaine suivante : des gardes nationaux du Tremblay arrêtèrent trois voitures de farine pour les diriger sur le marché de Gonesse, en forçant, le sabre à la main, l'entrée de la ville que voulait leur fermer un détachement du 21° régiment de cavalerie envoyé par le Directoire départemental en prévision de nouveaux troubles; deux laboureurs faillirent être victimes de la fureur du peuple. Mêmes scènes à Louvres, à Puiseux, dans d'autres paroisses du district de Gonesse (1).

La même semaine, la présence de rassemblements aux environs de Dourdan avait nécessité l'envoi de forces pour assurer la tranquillité pendant la fête de la Saint-Félicien qui était proche (2).

Le 4 décembre, à Mennecy, des désordres eurent lieu pendant la nuit. Depuis longtemps les marchés étaient très agités ; un détachement de chasseurs de Hainaut y avait été envoyé. Le curé Delaunay laissa échapper des discours de nature à provoquer de graves désordres, et pendant la nuit des coups de fusil furent tirés de son jardin sur la troupe. La semaine suivante, à l'ouverture du marché, des femmes se jetèrent sur un sieur Rabourdin, fermier, voulant lui faire un mauvais parti; celui-ci ayant été mis en sûreté dans le corps-de-garde, elles l'y suivirent, et de concert avec des habitants de la localité, elles en forcèrent l'entrée, en frappant les soldats et leur commandant, sans que le corps municipal ni la garde nationale fissent rien pour empêcher le désordre ; les in-

(1) Arch. de S.-et-O. Délibérat. du Direct. du départ. de Seine-et-Oise, cartons subsistances, 1792.
(2) *Ibid.*

surgés consentirent enfin à se retirer sur la promesse
que le blé serait donné à 24 livres le sac (1).

Les mêmes scènes se reproduisirent deux jours après
au marché de Corbeil. Un détachement des chasseurs de
Hainaut s'y était transporté de Mennecy pour assurer
la tranquillité. A leur arrivée, des particuliers coururent
au district demander les motifs de leur présence et contraignirent le procureur-syndic Brunement à ordonner
leur retraite ; pendant ce temps, le tocsin sonnait et la
ville était dans l'agitation. Le procureur-syndic, voulant
revenir au district, fut à quatre reprises assailli, frappé
de coups de bâton et de crosses de fusil par les fac-
tieux qui criaient *à la lanterne;* ils se rendirent de là
chez le maire Marsault, et le contraignirent à taxer le
pain blanc à 16 sols les 8 livres, et le bis à 12 sols. De
retour au marché, ils forcèrent les laboureurs à donner
le blé au prix qu'il leur plut d'exiger (2).

Le reste de l'année s'écoula sans autres grands désordres ; cependant il se passait çà et là quelques faits qui
témoignaient de l'intensité de la crise, des appréhen-
sions des gens paisibles et des municipalités, en même
temps que de la fermeté de l'administration départementale dans les principes économiques qu'elle avait
adoptés, et de sa volonté de faire respecter la loi. A Meu-
lan (21 nov.), un laboureur ayant tenté de vendre des
grains de qualité inférieure au-dessus du cours, des individus cherchèrent à ameuter la foule contre lui ; le directoire du département ordonna des poursuites contre
ces fauteurs de désordre, en déclarant que si la spéculation du laboureur était blâmable, il était libre cependant

(1) Extrait textuellement de la délibération du Directoire du
département, du 14 octobre, archives de Versailles, reg. 10.
(2) *Ibid.*

de vendre ou de ne pas vendre, si le prix offert ne lui convenait pas. Dans le district de Pontoise, une sorte de coalition se forma entre les communes, dans le but de faire tomber le prix des grains; à Créteil et à Yères, des assemblées se réunirent dans le même dessein, et forcèrent les municipalités à convenir avec les fermiers qu'ils donneraient leur blé pendant quinze jours à 20 livres le setier et le seigle à 10 livres. Le Directoire ordonna des poursuites contre les auteurs de ces menées illégales. Nous verrons qu'une coalition ayant le même but se forma plus tard dans le canton de Limours. Le directoire du district et la municipalité d'Etampes ayant à plusieurs reprises fait des démarches pour obtenir la suspension des mesures préventives ordonnées telles que l'envoi de troupes, l'administration départementale les rappela aux principes de la Constitution, en leur enjoignant d'exécuter sans délai ses arrêtés. Ainsi partout s'accuse déjà la pression exercée par les menées séditieuses et par l'agitation des classes besoigneuses sur les municipalités et les administrations locales, la faiblesse de celles-ci que soutient à grande peine la fermeté du Directoire du département, organe rigide de la légalité et gardien de l'ordre public établi.

Au commencement de septembre 1791, le prix du blé était au cours le plus élevé de l'année. La hausse s'était manifestée assez brusquement sur le marché d'Étampes; le blé froment avait monté jusqu'à 30 et 31 livres le sac, tandis qu'au mois de mai 1790 il n'avait atteint que le cours de 28 livres ; les plaintes des boulangers contre la taxe avaient fait suspendre les appréciations des prix (1). Le 5 novembre, le blé froment était à 29 livres

(1) Registres des mercuriales du marché d'Etampes et registres des délibérations de la municipalité.

10 sous ; il montait à 30, huit jours après, et le blé de deuxième qualité à 29, la troisième à 28 ; les trois qualités du météil à 21 livres 10 sous, 20 livres et 18 livres 10 sous. C'étaient là cependant des prix doux, comparés à ceux qui furent cotés quelques mois après, car ils s'élevèrent en 1792 jusqu'à 37 livres pour la première qualité, 36 pour la seconde, et ainsi des autres céréales ; le pain de 9 livres était taxé à 29 sous pour la première qualité ou pain blanc, et à 25 sous pour le pain commun (1). Enfin, au mois d'avril 1793, ils atteignirent, pour le froment de 1re qualité, 45 livres, de 2e, 43 livres ;

> le pain blanc de 9 livres, 35 sous,
> — commun, — 32 sous,
> — bis, — 29 sous.

Ces prix élevés se maintinrent à travers diverses fluctuations, et la loi du *maximum* du 11 septembre 1793 ne put parvenir à faire baisser les cours, malgré ses prescriptions rigoureuses.

Les événements ne tardèrent pas à prendre un caractère de gravité alarmante, et les municipalités, autant par faiblesse que parce que la plupart de leurs membres partageaient les préjugés populaires, se montraient de plus en plus disposées à céder aux exigences de l'opinion. Le 1er février (1792), la municipalité de Houdan s'adresse au Directoire, à Versailles, pour lui demander quelle conduite elle doit tenir à l'égard des acheteurs étrangers qui se présentent pour acheter du blé ; réponse est faite

_____

(1) Il ne faut pas perdre de vue l'écart proportionnel entre le prix du blé et du pain en 1790 et années suivantes, et celui de l'époque actuelle d'une part, et la valeur de la monnaie aux mêmes époques ; on aura cette proportion en prenant pour terme de comparaison le salaire d'une journée d'ouvriers dans les mêmes temps.

2

que toute mesure tendant à limiter le nombre des acheteurs est contraire à la loi; que d'ailleurs l'usage du
marché de Houdan étant de réserver la première heure
aux consommateurs de la ville et des environs, cet usage
protecteur peut être provisoirement conservé (1).

Le 9 février, le Directoire rappelle aux districts que le
1er décembre il a pris un arrêté nécessité par les circonstances, relativement aux plaintes multipliées qu'il
avait reçues contre les brigandages qui se commettaient
à main armée dans les différentes parties du département,
et enjoignant aux districts de nommer des commissions
dans le sein de leurs conseils afin de mettre en état de
faire le service habituel de vigilance les gendarmes nationaux, les troupes de ligne et les gardes nationales. En
effet, malgré les symptômes alarmants qui se manifestaient partout dans les campagnes, les communes affec-
taient une sécurité qu'elles n'avaient pas; mais ne partageant pas en général les idées de l'administration centrale, et préoccupées surtout du désir de donner satisfac-
tion aux vœux des masses, moyen qu'elles considéraient
comme le seul propre à rétablir l'ordre sur les marchés
et à y ramener un approvisionnement suffisant, elles op-
posaient aux prescriptions réitérées du Directoire de
Versailles une résistance passive, et des dispositions que
ne devait pas modifier la gravité des événements qui
allaient se produire coup sur coup sur tous les points du
département. La municipalité de Palaiseau prit à cet
égard une initiative de tout point opposée à la conduite
qui était dictée par l'administration supérieure; elle

(1) Cet usage, observé sur beaucoup de marchés, n'offrait qu'une
protection illusoire, puisque les vendeurs, certains d'une concur-
rence plus sérieuse après la première heure, maintenaient leurs
prétentions jusqu'à ce qu'elle fût écoulée.

adressa le 26 février à toutes les communes du département la lettre suivante :

« Sur une loi concernant les biens et usages ruraux de la police rurale, donnée à Paris le 6 octobre 1791..., les propriétaires sont libres de varier à leur gré la culture et l'exploitation de leur terre, de conserver à leur gré leurs récoltes et de disposer de toutes les productions de leurs propriétés dans l'intérieur du royaume et au dehors sans préjudicier aux droits d'autrui et en se conformant aux lois.

« Les fermiers profitent de cette loi ; voilà nos marchés déserts et il n'y a même presque plus de blé ; les accapareurs enlèvent tout le meilleur, et nos frères, journaliers de l'agriculture et autres états, ne peuvent pas en avoir pour leur nourriture ; les fermiers insultent même à leur faiblesse, disant ironiquement qu'ils se f...... de tous les citoyens, qu'on ne peut pas les forcer de remplir les marchés ; qu'ils vendront leur blé où bon leur semblera.

« A ces mots (maux) déplorables, les pauvres journaliers de l'agriculture et autres états malheureux, qui sont chargés d'enfants en bas âge, qui ne gagnent que vingt sous par jour, qui n'ont pas d'emploi, qui ne travaillent guère que six mois de l'année, sont obligés, faute de pain, de pleurer, gémir, se plaindre et crier sans cesse aux municipalités : « Demandez pour nous à l'Assemblée nationale qu'ils fassent taxer le blé à 15 livres le septier ; qu'elle ordonne la diminution des baux comme dans nos premiers décrets ; qu'elle fasse cesser les accaparements qui mettent la famine sur toutes sortes de marchandises ; qu'elle ordonne enfin aux municipalités de forcer les fermiers de remplir nos marchés plus que ci-devant ; qu'elle défende de vendre jamais leur grain ailleurs que dans les marchés.

« C'est de la part de la commune de Palaiseau, chef-lieu de canton, qui a envoyé à l'Assemblée nationale un sieur Laurent Lecointre le 2..., et à Versailles au district. Envoyez de même, si vous jugez à propos, pour la diminution des blés et des baux. Avertissez vos communes et vos arrondissements (1). »

Cependant le sang avait commencé à couler. Un pauvre vieillard de soixante-douze ans fut la première victime de l'égarement populaire.

Le 13 février, à Montlhéry, la maison de Jean-Baptiste Thibault, marchand grainetier, fut assaillie par des paysans et des ouvriers ameutés ; on l'accusait d'accaparer, de mêler de la farine de pois pour empoisonner le peuple ; on voulait le pendre. Il s'enfuit et alla se cacher dans un grenier qu'il avait à Linas, village voisin, distant d'un kilomètre à peine. On l'y découvrit bientôt ; parmi les plus ardents à sa perte se distinguaient deux compagnons maréchaux inconnus au pays, qui tenaient une corde pour le *lanterner*, suivant le néologisme ayant cours. Le maire de Linas les supplia de l'épargner, leur objectant que Thibault n'étant pas de sa commune, c'était à celle de Montlhéry à statuer sur son sort. Les bourreaux consentirent à différer leur vengeance et on le reconduisit jusqu'à la porte de Montlhéry. Le meurtre, commencé à Linas, fut donc consommé dans la cour même de Thibault où ce malheureux vieillard vint expirer, après avoir traîné son agonie tout le long de cette côte pénible que suit la grande route entre les deux villages (2).

Le 23, désordres à Beaumont-sur-Oise ; les femmes y taxent le blé. Quelques jours après, nouveau crime à

(1) Archives de Seine-et-Oise, cartons subsistances, 1792.
(2) *Ibid.*

Étampes. C'est l'épisode capital de toute cette agitation,
celui qui en fait le mieux ressortir le caractère multiple;
ici la loi est ouvertement et de propos délibéré violée,
son représentant outragé et immolé en voulant la faire
respecter dans les rangs même de la force armée qui avait
juré de lui donner son appui, au milieu des circonstances étranges dont quelques-unes restent inexpliquées,
et qu'il est aussi intéressant qu'instructif de raconter en
détail.

A cause des nombreux moulins à blé mis en mouvement par les divers cours d'eau qui se réunissent sous ses
murs (1), Étampes possédait, depuis de longues années,
un des marchés aux grains les plus importants de la
Beauce, et se trouvait ainsi désigné aux tentatives des
malveillants; sa situation l'exposait aussi plus particulièrement que tout autre à ces désordres : placé sur la
route d'Orléans, le grand entrepôt des départements au
midi de la Loire, qui souffraient alors beaucoup plus que
les autres de la disette, il était incessamment traversé par
un roulage considérable; aussi depuis longtemps un certain désordre se manifestait chaque samedi sur la place
Saint-Gilles, où se tenait et se tient encore le marché, en
vertu d'antiques priviléges accordés par les premiers rois
de la dynastie capétienne.

Le 10 septembre 1791, la tenue du marché avait été
très agitée, à cause de la hausse des blés; j'ai dit tout à
l'heure que les prix avaient monté au taux le plus élevé
de l'année; un grand nombre d'ouvriers et des étrangers
s'étaient attroupés à l'Hôtel-de-Ville et avaient forcé les
magistrats à aller au marché et à taxer le pain. Ils étaient

(1) Etampes est situé à la jonction de plusieurs vallons où cou-
lent les ruisseaux de Juine et Juineteau, de Louette et de Cha-
louette.

partis en menaçant de s'y prendre autrement le samedi suivant.

Des délégués de la commune, Simonneau et Lavaleri, envoyés au département pour y faire leur rapport, présentèrent des observations sur les inconvénients qui résulteraient de l'envoi de troupes pour faire rentrer dans le devoir des individus égarés peut-être par des insinuations étrangères ; sans s'arrêter à ces considérations, le Directoire avait ordonné qu'un détachement de chasseurs de Hainaut et de gendarmerie s'y transporteraient pour assurer la tranquillité le samedi suivant.

A l'annonce de l'arrivée de ces troupes, le vendredi 16 septembre, le peuple se souleva, se porta en armes à leur rencontre, ayant à leur tête l'abbé Boullemier, officier municipal, qu'ils avaient forcé à les accompagner, pour défendre aux troupes d'entrer en ville. En même temps le tocsin sonnait, et l'agitation était à son comble. On s'empara de MM. Venard et Duverger, membres du district; on leur mit des pistolets sur la poitrine, on les menaça de la *lanterne;* pendant plusieurs heures ils restèrent entre la vie et la mort, serrés par les baïonnettes, exposés aux menaces, aux injures et aux mauvais traitements de la foule en délire. Le tumulte dura jusqu'à onze heures de la nuit. Plusieurs membres du district et de la municipalité prirent la fuite ou donnèrent leur démission, et l'administration se trouva complétement désorganisée. Cependant le marché du lendemain se passa assez tranquillement, aucun obstacle n'étant mis à la taxe du blé et du pain (1).

Depuis longtemps scène aussi violente ne s'était produite. L'administration supérieure s'en émut. Le roi

(1) Archives de Seine-et-Oise. Extrait du rapport; lettre de M. Venard à M. Héniu, reg. du direct., n° 10, f. 100.

adressa aux habitants d'Étampes une proclamation sévère où il leur rappelle que ces désordres ne peuvent avoir d'autre résultat qu'un nouveau renchérissement. En même temps le directoire du département envoyait sur les lieux MM. Rouveau et Vaillant pour faire une enquête et poursuivre activement la recherche des coupables et l'instruction de leur procès.

Malgré les dangers qu'il avait courus, le conseil de la commune affectait de ne rien craindre, ou plutôt il paraissait redouter par-dessus tout les secours que lui envoyait le Directoire, considérant la présence des troupes comme plus propre à exciter des troubles qu'à les calmer. La garde nationale n'y était pas encore organisée, comme nous le verrons plus loin, et cependant l'administration prétendait suffire aux exigences de sa police, tant au dedans qu'au dehors, avec l'aide de ses gardes champêtres et des quelques hommes de la gendarmerie, elle-même en désarroi. Le Directoire supérieur n'en jugeait pas ainsi; il savait que si la municipalité refusait des troupes, c'était par faiblesse et parce que les agitateurs avaient su faire considérer par les populations ces mesures comme tyranniques, d'accord sur ce point avec leurs préjugés; que parmi les autorités locales beaucoup étaient disposées à sacrifier les principes économiques officiels et à proclamer nécessaire la taxe des denrées; que de plus il commençait à s'introduire en plus grand nombre dans les municipalités et administrations locales des éléments passionnés dont l'influence en devenant prédominante devait faire si malheureusement dévier la Révolution et la conduire à sa ruine. Mais bien persuadé, non sans raison, que la cherté des vivres n'était pas la seule cause de l'émotion du peuple, qu'au fond on rencontrait les excitations inavouées des partis po-

litiques et celles de malfaiteurs dont les populations
étaient les instruments inconscients, il voulait avant
tout que la loi fût respectée et que force lui restât. C'est
pourquoi il avait ordonné des poursuites criminelles
contre les auteurs des troubles des 10 et 16 septembre.

Le Directoire du district ayant émis l'avis qu'il était
prudent de suspendre l'exécution de ces arrêtés, parce
que ce serait le moyen de ramener la paix, celui du département rappela le district aux principes de la constitution et lui enjoignit d'exécuter sans aucun délai ses arrêtés.

Les désordres s'étant renouvelés au commencement de
l'année 1792, il fit envoyer, pour veiller à la sûreté du
district, une compagnie du 18° régiment de cavalerie, qui
devait tenir garnison à Étampes et y fit son entrée le
21 janvier. Le conseil de la commune fut médiocrement
touché de cette sollicitude, dont il était l'objet, et il laissa
percer son ennui dans deux délibérations prises à l'effet
de pourvoir au logement de ses défenseurs. Le 25 janvier on décide que les cavaliers, « bien que leur arrivée
n'ait pas été requise, » seront logés à la caserne de la rue
Saint-Jacques, autant qu'elle en pourra recevoir, et le
surplus à la maison commune. Le lendemain 26, délibé-
tion plus précise encore : le conseil, sans nullement avouer
les faits qui ont donné lieu à cette mesure de l'autorité
supérieure, et dont il n'a pas connaissance, arrête que
des démarches seront faites pour obtenir la retraite des
militaires (1).

(1) « Considérant que la compagnie de Brazais, du 18° régiment
de cavalerie, arrivée le samedi 21 de ce mois, n'a pas été deman-
dée par la commune qui n'en a nul besoin, puisque la commune
n'est menacée d'aucun accident particulier, ni d'aucune insurrection, et qu'elle se suffit à elle-même pour sa garde particulière.
« Considérant aussi que si l'Administration a cru devoir protéger la sûreté des campagnes par le séjour dans le district d'un dé-

Il est assez difficile de croire que la sécurité dont faisaient ainsi montre les magistrats de la commune d'Étampes était tout à fait sincère ; car les scènes auxquelles ils s'étaient trouvés mêlés, les événements qui se passaient autour d'eux n'étaient pas de nature à les rassurer. Depuis trois semaines, paraît-il, des mendiants, des gens sans aveu, étaient vus rôdant par la ville, s'informant de la demeure des marchands de blé et allant reconnaître les moulins. L'inquiétude était partout et faisait pressentir de nouveaux malheurs.

Étampes avait alors à la tête de son administration municipale Jacques-Guillaume Simonneau ; c'était un homme dans la force de l'âge (51 ans), d'une famille honorable, chef d'une industrie de tannerie importante où il occupait un assez grand nombre d'ouvriers ; habitué par sa profession au commandement, il était par là plus que d'autres propre aux fonctions administratives dans ces temps difficiles. Bien qu'il m'ait été impossible de me procurer des renseignements précis sur son caractère, il est permis de croire qu'il ne manquait pas de fermeté. Il avait du reste fait acte de résolution en acceptant

---

tachement de cavalerie, il est du devoir des représentants de la commune de solliciter du département de décharger cette commune d'une charge qui lui pèse, sans lui être d'aucune utilité. Car, quoique la dépense que nécessitera ce détachement doive être répartie sur tous les administrés du district, il est constant que la commune d'Etampes souffrira plus, tant par le séjour dans son sein de ce détachement et par sa portion contributive dans la dépense, que par les avances et les soins de son logement.

« Arrête que, sans nullement avouer les faits consignés dans la pétition de quelques citoyens, et dont il n'a pas connaissance officielle, MM. les administrateurs du Directoire du département sont priés d'employer leur bons offices auprès du ministre de la guerre, pour obtenir la retraite de la compagnie de Brazais, comme aussi que MM. les administrateurs sont priés de presser l'organisation de la gendarmerie nationale et de mettre en activité le détachement qui doit résider dans cette ville, et dont on a lieu d'espérer les meilleurs effets « (Reg. des délibérations de la commune d'Etampes, à Etampes).

dans d'aussi difficiles conjonctures la charge de maire qu'il ne remplissait que depuis fort peu de temps ; membre du conseil de commune, il avait été nommé, après le 16 septembre, rapporteur au Directoire des troubles qui avaient eu lieu ; il savait donc quels dangers l'attendaient, et il était décidé à déployer l'énergie nécessaire.

Le 2 mars, des attroupements s'étaient formés dans les communes de Torfou, Lardy, Boissy-sous-Saint-Yon, Chamarande et Auvers, situées sur la route de Paris à Étampes ; le bruit s'en était répandu jusqu'à Étrechy et à Étampes (1), où il était parvenu le soir, et l'administration avait requis immédiatement le capitaine de la gendarmerie et le commandant du détachement de cavalerie de ligne d'envoyer des patrouilles de reconnaissance ? Qu'est-ce qui avait provoqué ces attroupements ? Comment s'étaient-ils formés ? — La veille, 1er mars, des troubles avaient eu lieu à Montlhéry et à Limours ; un détachement du 9e régiment de chasseurs à cheval avait été envoyé pour assurer la tranquillité dans le pays, et cette mesure avait augmenté l'effervescence ; le tocsin avait sonné ; des émissaires parcouraient les campagnes pour engager les paysans à prendre les armes ; les gardes nationaux s'étaient réunis aux séditieux pour repousser les troupes, qui avaient dû rentrer à Versailles (2).

De Montlhéry et Limours, les perturbateurs se dirigèrent partie sur Versailles, partie vers Étampes. On a dit que douze ou quinze hommes, armés de fusils, étaient entrés à cinq heures du matin dans Boissy-sous-Saint-Yon, y avaient battu la générale, réveillé le curé et

(1) Procès-verbal de la commune d'Etréchy du 3 mars et rapport du capitaine de gendarmerie d'Etampes. — Archives de Seine-et-Oise, dossier de l'affaire.
(2) Rapport du commandant. Registre des délibérations du Directoire.

sonné le tocsin. Les municipaux et les habitants effrayés étant accourus, ces *étrangers* avaient proclamé leur projet d'aller à Étampes faire taxer le prix du blé. Pendant que les municipaux étaient allés délibérer dans la maison commune, les instigateurs avaient menacé, si l'on balançait à les suivre, d'incendier le village à l'heure même. On se mit à leur suite. La même manœuvre fut employée dans les autres villages, à Torfou, Lardy, Auvers et Chamarande, avec un égal succès. Le lendemain, 3 mars, l'attroupement arrivait à Étréchy (1).

A neuf heures, la cloche sonne, la municipalité se transporte à l'église où l'attroupement la suit : « Que demandez-vous et pourquoi vous êtes-vous armés ? leur dit-on. — Ce n'est pas dans le dessein de faire aucun mal ; nous sommes liés par serment ; mais la cherté des grains nous mettant dans l'impossibilité de subvenir à nos besoins, nous sommes décidés à demander la diminution, et pour cela la réunion de cette paroisse nous est nécessaire. C'est contraire aux lois, nous le savons bien, mais n'importe, il faut venir avec nous. » Craignant la réalisation de sourdes menaces proférées par ces étrangers, la municipalité ne crut pas devoir leur opposer de résistance et les suivit (2).

Ainsi partout on rencontre des hommes *inconnus*, des *étrangers* qui parcourent les campagnes, exagèrent les craintes des populations, échauffent les têtes en prédisant une famine prochaine par suite de l'écoulement incessant des grains et de l'augmentation croissante des prix.

(1) Procès-verbal de la municipalité d'Etréchy. Archives de Seine-et-Oise. Ce procès-verbal est conforme au rapport fait par Debry à l'Assemblée au nom du Comité d'instruction. (*Moniteur* du 19 mars.)

(2) Rapport de Jean Debry à l'Assemblée. (*Moniteur* des 9 et 19 mars, sous le titre de *Nouveaux détails*.

La rareté des grains était, dit un journal, le cheval de bataille dont se servaient les malveillants pour exciter des mouvements dans les campagnes (1). Ces hommes se disaient liés par serment.

Dans la matinée, sur la réquisition qui en avait été faite la veille, le capitaine de gendarmerie résidant à Étampes, Reydy, et le lieutenant de cavalerie Godart, commandant le détachement du 18ᵉ régiment, en station dans la ville, avaient envoyé à la découverte trois pelotons de cinq hommes chacun; ayant rencontré les séditieux entre Chamarande et Étrechy, ils se replièrent sur Étampes où ils rentrèrent à onze heures du matin (2).

Que se passait-il pendant ce temps en ville? La nouvelle de la marche d'une troupe de cinq à six cents individus armés de fusils, de bâtons, d'objets de toute nature les avait précédés; un certain nombre d'habitants des campagnes voisines s'y étaient rendus pour le marché; dès le matin, un concours d'individus, plus grand que d'ordinaire, l'attente des événements qui se préparaient, avaient entretenu dans les rues une agitation inquiétante.

Le corps municipal se rend, en tête de la troupe, sur la route, au devant des mutins, pour les empêcher d'entrer en ville; on les rencontre dans le faubourg Saint-Jacques. Aux injonctions qui leur sont faites, ils répondent qu'ils entreront de gré ou de force.

Pour éviter une collision, les officiers municipaux se retirent et rentrent en ville, et la bande entière à leur suite. Ce fut une faute; ce moment décidait en effet du sort de la journée. Un acte d'énergie eût prévenu les

(1) *Courrier français*, 6 mars, t. 17.
(2) Rapport du commandant de gendarmerie et du lieutenant Godard. — Archives de Seine-et-Oise.

excès qui suivirent ; du moment où le pouvoir exécutif
avait envoyé des soldats à Etampes pour empêcher de
s'y renouveler les scènes qui s'y étaient déjà produites,
et dont plusieurs localités venaient d'être récemment le
théâtre, c'est que son intention était que l'on en fît usage ;
cette mesure était bien plutôt coercitive que commina-
toire ; et puisque l'emploi de la force armée avait été
prévu, c'était le moment d'y recourir, alors que les représentants de la loi avaient devant eux un attroupement
armé sur les intentions duquel il y avait d'autant moins
à se méprendre qu'il les avait déjà manifestées dans les
différentes communes qu'il avait traversées ; il se trouvait
depuis plusieurs heures en état de rébellion contre la
loi ; une démonstration vigoureuse l'aurait sans aucun
doute décidé à se retirer ; dans le cas où il aurait tenté
de mettre à exécution sa menace d'entrer de force, une
charge de cavalerie l'aurait dispersé sans peine et sans
grand mal. Sur la grande route, cette manœuvre aurait
eu plein succès, tandis qu'en ville l'action de cette force
se trouvait paralysée, et ne pouvait être d'aucune utilité
comme l'événement le prouva ; de plus, la force morale
de l'autorité, aussi bien sur les insurgés que sur les soldats, se trouvait complétement ébranlée par ce premier
acte de faiblesse.

Les insurgés entrèrent donc librement en ville, et se
rendirent sur la place Saint-Gilles, où se tient le marché
aux grains. Le maire Simonneau et le corps municipal
étaient retournés à l'Hôtel-de-Ville pour y délibérer. Les
amis du maire le suppliaient d'y rester. Ce parti eût
peut-être été préférable, car désormais le mal était fait,
l'ordre troublé, la loi violée. Mais Simonneau avait une
plus haute idée de son devoir ; il demanda au commandant du détachement de cavalerie si lui, officier, il pou-

vait compter sur sa troupe, à quoi celui-ci répondit :
« Comme sur moi-même. » Il paraît même que cet officier aurait la veille demandé des cartouches, et qu'une
distribution en aurait été faite à ses hommes (1). La gendarmerie nationale faisait partie de cette force armée.

Quelques citoyens s'étaient joints au maire ; c'étaient
le procureur de la commmune Sédillon, Baron Delisle,
officier municipal, Lavallery, aussi officier municipal et
son clerc, et une autre personne dont le nom n'a pas été
recueilli, mais qui doit être M. Marceau-Faucheux, qui a
en effet protesté contre l'omission de son nom dans les
journaux. Lavallery et son clerc paraissent avoir été les
seuls armés (2). C'est tout ce qui se rencontra de citoyens
de bonne volonté dans une ville de 7,000 âmes, pour
défendre non-seulement la loi, mais la ville elle-même, la
sûreté des familles, le foyer domestique, contre les attentats de quelques agitateurs suivis de paysans égarés par
la souffrance ou par des suggestions criminelles, et dont
un grand nombre n'avaient marché que par crainte.

On se mit en marche vers la place Saint-Gilles, et c'est
en y arrivant que l'on put se rendre compte de la faute
que l'on avait commise en laissant les insurgés se rendre
en quelque sorte maîtres du terrain. La place du marché
est latérale à la Grande-Rue, dont elle n'est séparée que
par un pâté de maisons et l'église Saint-Gilles ; en venant
de la mairie on y accède soit par la rue Basse et celle des
Cordeliers, soit par la Grande-Rue. La rue Basse est
étroite, elle forme avant de se réunir à celle des Cordeliers un premier coude appelé rue de la Manivelle, et il

(1) *Moniteur* du 9 mars. Sur ce point il n'y a d'autre document
que ce journal. Toutes les fois que je n'ai pas pu rencontrer sur
un fait des données d'une certitude à peu près complète je ne
les ai présentés que sous forme dubitative.
(2) *Moniteur* du 8 mars. Rapport de Debry. *Moniteur* du 19 mars.

s'en présente un second avant de déboucher sur la place.
Ce chemin parut sans doute et avec raison devoir être
évité à cause des embarras qu'il présente pour une troupe
de cavalerie, et le maire choisit la Grande-Rue comme
plus convenable pour le déploiement de son escorte.
Pour aller de la Grande-Rue Saint-Jacques à la place Saint-
Gilles, il faut suivre pendant environ cent cinquante pas
une rue assez étroite appelée la rue de l'Étape-au-Vin,
parce que cet établissement s'y trouvait autrefois, nom
qu'elle a quitté il y a quelques années pour prendre celui
du modeste magistrat qui, soixante ans plus tôt, lui avait
donné le baptême de son sang. Cette rue était alors plus
étroite qu'elle n'est aujourd'hui; elle descend vers le
marché en pente très roide. C'est par là que le maire
s'engagea avec son escorte de cavalerie pour pénétrer
dans le marché dont les insurgés s'étaient rendus maîtres et où ils s'étaient mis en devoir de taxer les grains.
La place était pleine de monde, et parmi les plus
bruyants acteurs du tumulte se trouvaient beaucoup de
femmes, dont nous verrons figurer quelques-unes plus
tard au nombre des accusés qui eurent à rendre compte
devant le tribunal criminel de leur conduite dans cette
journée néfaste.

Nous touchons ici à la scène la plus émouvante de ce
drame et en même temps la moins bien éclaircie. Désormais dans les récits du temps, et dans les rapports officiels des témoins oculaires, nous trouvons une confusion
égale à celle qui régnait sur le lieu même où le fait s'est
passé. J'ai réduit toutes les variantes de détail à deux ou
trois points. Simonneau parvint-il à pénétrer dans la
place même, ou au contraire fut-il arrêté au débouché
de cette place? l'endroit où il fut massacré semble devoir
faire adopter cette dernière version. Cependant Jean

Debry, dans son rapport à l'Assemblée au nom du Comité d'instruction, et suivant à la lettre les procès-verbaux qu'il avait recueillis, semble indiquer que Simonneau était entré dans la place ; ce détail n'a d'autre intérêt que de faire ressortir avec quelle persistance le maire tint à remplir son devoir tout entier en pénétrant au sein même des révoltés. Le rapport plus explicite du capitaine de gendarmerie et du lieutenant Godard ne laissent pas de doute à cet égard. Le maire et son escorte marchèrent jusqu'à l'endroit où se trouvaient établis les sacs de grains mis en vente et où les meneurs veillaient à l'exécution de la taxe qu'ils avaient imposée. Il essaya de leur faire comprendre que leur action était contraire à la loi ; ils voulurent par des menaces le contraindre à sanctionner cette illégalité et à la couvrir en proclamant lui-même la taxe qu'on lui dictait ; il s'y refusa avec énergie. Les injures, les vociférations, les menaces de mort se croisaient autour de lui ; les plus rapprochés se portaient même à des voies de fait en dépit des efforts du lieutenant Godard (1).

Enfin, voyant l'inutilité de ses protestations, ne pouvant songer à faire arrêter les chefs de la révolte, sentant le danger de sa position et de celle de sa troupe, le maire d'Etampes ordonna la retraite. Mais il était trop tard, et le péril qu'il redoutait ne pouvait plus être conjuré. La troupe, enveloppée de tous côtés par le peuple, incertaine elle-même et peu dévouée, était prise comme dans un défilé et mise au point de se rendre ; le mouvement de retraite qu'elle fit rompit les rangs, qui furent en un instant envahis par la foule (2). Simonneau et ses

(1) Rapport de Godard, arch. de S.-et-O.
(2) *Moniteur* du 8 mars. Rapport de Reydy et Godart, arch. de S.-et-O.. « Vous pouvez me tuer, aurait dit Simonneau, mais je mourrai à mon poste. Il en est de ce mot à effet, comme de tous

amis se trouvèrent portés par le flot à l'extrémité de la place dans la rue de l'Étape-au-Vin ; bien qu'ils n'eussent pas échappé jusque-là aux mauvais traitements, c'est à l'entrée de cette rue que les premiers coups furent portés au maire. Ici, la confusion augmente et les récits sont contradictoires; mais de toutes les variantes qu'ils présentent ressortent deux versions. Suivant l'une, il aurait reçu un coup de bâton qui l'aurait étourdi ; en même temps un premier coup de fusil l'aurait atteint au côté ; il aurait porté une main à sa blessure, et de l'autre, pour se soutenir aurait saisi au hasard la bride ou la queue du cheval d'un soldat ; celui-ci, on a dit que c'était le commandant Godard lui-même, pour lui faire lâcher prise, lui aurait abattu le poignet, en même temps un second coup de feu lui aurait fait sauter le crâne. Ce récit est empreint d'une exagération évidente ; les principaux traits en sont empruntés à une lettre écrite d'Etampes par un parent de Simonneau, lettre qui porte tous les caractères de l'exaltation et de la passion (1).

L'autre version est plus vraisemblable, elle s'appuie sur des procès-verbaux et sur des rapports présentant plus de garanties d'impartialité. Poursuivi au milieu des rangs de la cavalerie, et atteint de coups de bâton, Simonneau fut renversé ; un homme monté sur une borne

ceux du même genre, inventés après coup, ils n'ont rien d'authentique, mais il résume toutes les allégations sans suite, interrompues par les cris, les injures, les menaces et les coups qui caractérisent les scènes de violence de cette nature.

(1) Voici le commencement de cette lettre, datée du 6 mars, que j'ai quelque raison de croire émanée de Baron-Delisle, secrétaire greffier, neveu de Simonneau, qu'il avait accompagné jusqu'à ses derniers moments, et qui à ce titre fut désigné par le corps municipal pour assister à la fête nationale du mois de juin suivant. « Les Romains, dit cette pièce, ne mouraient pas comme est mort mon parent et ami. Fidèle à son serment il a préféré la mort qu'il voyait devant ses yeux, puisqu'il était couché en joue; il a mieux aimé mourir que de voir qu'on n'obéit point à la loi... etc. »

placée dans la rue de l'Etape, au sortir de la place, lui
tira un coup de fusil presque à bout portant ; un autre
coup de fusil lui brisa le crâne et lui fit jaillir la cervelle.
Le procureur de la commune Sédillon, qui n'avait pas
quitté le maire, et qui le soutenait au moment où il tom-
bait, fut blessé dans le tumulte ainsi qu'un autre citoyen
M. Blanchet (1). Quant aux soldats, soit que les coups

(1) M. de Montrond, dans son histoire d'Etampes, donne de toute
cette scène un récit qui a plutôt l'air d'une amplification de style,
que le caractère d'une rigoureuse exactitude, dont l'auteur, dans
tout son ouvrage, paraît s'être soucié médiocrement. Il pose Simonneau en véritable héros de tragédie. Cette mise en scène n'est
ni dans le caractère du personnage ni dans celui de l'événement.
M. Simonneau fut plus simple et sa conduite n'en fut pas moins
honorable et son malheur moins digne de pitié. M. de Montrond
avait cependant recueilli les souvenirs de M. Sédillon, procureur
de la commune, souvenirs qui, à 45 ans de distance, avaient dû
s'oblitérer et dont l'interprète n'a pas cherché à préciser les traits
en les rapprochant des documents officiels de l'époque ; il se con-
tente de renvoyer dans une note aux pièces qui se trouvent, dit-
il, aux archives de l'Hôtel-de-Ville à Etampes ; les a-t-il en effet
consultés, et s'il les a eues entre les mains, pourquoi n'en a-t-il
pas fait usage ? Il s'agit sans doute des minutes de toutes les en-
quêtes et des procès-verbaux qui furent rédigés à cette occasion.
Mais que sont devenus ces documents ? Je les ai vainement
demandés plusieurs fois à l'Hôtel-de-Ville, il m'a été invariable-
ment répondu qu'il n'en existe aucun, et j'ai pu constater que
sur les registres mêmes des délibérations de la municipalité il
n'y a aucune mention de cet événement si important, et que
même depuis le 3 mars au matin jusqu'au 7, il n'a été transcrit
aucune délibération. Alors cependant le corps municipal avait
décidé, à cause de la gravité des circonstances, qu'il resterait en
permanence jusqu'à ce que la tranquillité fût rétablie. (Délibération du 3 mars au matin.) Le 9, la municipalité arrête que le
procès-verbal de la journée du 3, *rédigé le 4*, serait déposé aux
Archives. Cette pièce capitale n'y est plus, et l'expédition ne s'en
trouve pas davantage à Versailles. Ont-elles été détruites quand
les condamnés du 3 mars furent amnistiés ? Cela est possible.
Aujourd'hui, la seule pièce officielle qui existe à Etampes est
l'acte d'inhumation que voici :
« L'an 1792, le 4 mars, a été inhumé dans le cimetière de cette
paroisse, par moi curé soussigné, le corps de sieur Jacques-Guillaume Simonneau, négociant et maire de cette ville, âgé de
cinquante-et-un ans environ, décédé la veille pendant la tenue du
marché au bled de cette ville, au lit d'honneur, à la tête d'un
détachement du dix-huitième régiment, ci-devant Berry, en station en cette ville, et de la brigade de la gendarmerie nationale
de ladite ville, dans un moment critique et en voulant faire exécuter la loi ; présens : MM. Simonneau, ancien lieutenant parti-

de fusil eussent effrayé leurs chevaux, soit que débordés et rompus par la foule, ils n'aient pu résister au flot qui les pressait, ils se débandèrent, et ce ne fut qu'à une assez grande distance de là qu'ils purent se rallier. Ils attendirent quelque temps à la mairie, puis ne recevant aucun ordre, ils rentrèrent dans leurs quartiers (1).

On s'est demandé si le maire n'avait pas, par sa conduite, provoqué les excès dont il avait été la victime, et ce fait a été l'objet d'une enquête particulière. Un journal, *le Courrier français*, avait en effet donné de ce déplorable épisode, d'après des renseignements qu'il avait reçus d'Étampes même, un récit tout à fait hostile, que nous devons regarder comme controuvé, et qu'en effet il rectifia en partie quelques jours après, en déclarant qu'il avait été mal informé quant aux provocations du maire (2). Debry, dans son rapport à l'Assemblée, lui rend à cet égard entière justice. « Ceux qui savent combien il est facile d'exciter les citoyens égarés, cherchant à diminuer l'horreur de l'attentat, ont demandé si le malheureux maire n'avait pas provoqué par quelque indiscrétion l'emportement dont il fut victime. Non, Messieurs, les procès-verbaux que les commissaires du département de Seine-et-Oise dressèrent à Montlhéry, Longjumeau, Arpajon, et la déclaration de l'officier de cavalerie du détachement, attestent que Guillaume Si-

culier du cy-devant bailliage de cette ville, son frère; Delisle, marchand apothiquaire, son beau-frère; Baron-Delisle et Chevalier Delisle, ses neveux; le corps municipal, les juges au tribunal, les juges de paix et autres soussignés. »

(1) J'ai omis des détails du rapport du commandant, parce qu'ils m'ont paru suspects; j'aurai à examiner plus loin la conduite de la troupe en cette circonstance; elle ne me semble pas à l'abri de tous les reproches qui lui ont été faits dans beaucoup de documents de l'époque.

(2) *Courrier français*, nos des 5 et 19 mars.

monneau n'eût que le noble tort de remplir les devoirs de sa place seul et sans calculer le danger (1). »

Nous avons laissé les émeutiers maîtres de la place et de toute la ville ; si ce sont des malfaiteurs ordinaires ou seulement des gens affamés, exaltés par la misère et enivrés par les excès mêmes qu'ils viennent de commettre, il semble qu'ils vont y mettre le comble, en pillant les greniers à blé, les magasins de réserve des meuniers et des boulangers, ou tout au moins qu'ils vont user de la taxe qu'ils ont imposée et se faire livrer les denrées à un taux inférieur au cours ; ainsi se trouveraient justifiées dans une certaine mesure leurs réclamations et expliqués les motifs de leur soulèvement. Ils ont d'ailleurs rencontré à Étampes des sympathies et des complices ; parmi les plus emportés et les plus compromis, au moins de ceux qui furent reconnus après et qui purent être arrêtés, nous trouvons les nommés Gérard Henry, Gabriel Baudet, Charles Simonneau, dit Mal-Léché, sans doute un parent du maire et un ennemi personnel, les femmes Boivin et Langlois : toutes ces gens, après avoir été les premiers à l'action, seront aussi les premiers au pillage ; ils connaissent les bons endroits, ils pourront les indiquer à leurs alliés du dehors. Cependant rien de semblable ne se passa. Le *Moniteur* et plusieurs journaux le constatent, et l'instruction criminelle qui se suivit quelque temps après, les procès qui se déroulèrent devant les jurés à Versailles le prouvent d'une façon péremptoire : nul marchand n'a été pillé, on n'a pas enlevé un grain de blé ; sur le marché, quelques sacs ont été vendus à la taxe, mais aucun des émeutiers n'en a profité ; quelques individus seulement se sont présentés chez

(1) *Moniteur* du 19 mars.

des marchands de grains, demandant qu'on leur vendît
le blé 24 livres ; un de ces marchands, Hamouy, le leur
a même spontanément offert à 22 livres, ils n'en achetèrent pas un seul sac (1). Telle est la physionomie générale de la journée; les faits particuliers qui purent se
produire passèrent inaperçus et ne donnèrent lieu à aucune réclamation des intéressés, à aucune récrimination
des parties et de leurs organes. Nous verrons que la
même particularité fut signalée dans d'autres localités,
entre autres à Angerville, six jours plus tard.

Les paysans des communes environnantes sortirent
enfin d'Etampes pour rentrer dans leurs villages, et les
émeutiers avec eux. On a dit que ceux-ci se seraient
arrêtés au hameau de Saint-Michel, à deux kilomètres
d'Étampes, où ils se seraient enivrés, et, qu'en payant la
dépense assez forte qu'ils avaient faite, ils auraient laissé
voir une grande quantité d'assignats (2).

(1) *Moniteur* du 9 mars.
(2) *Moniteur* du 9 mars. Le journal ajoute : « Le fait est incon-
testable. »
Guillaume Simonneau a laissé une veuve et deux enfants : une
fille mariée à M. Gabaille, qui fut depuis conseiller à la Cour de
cassation, et un plus jeune fils, alors âgé de dix-huit ans, et qui
terminait ses études à Paris.
Voici un détail que j'emprunte à l'histoire d'Etampes de M. de
Montrond, en le présentant du reste avec la réserve dont j'ai
déjà parlé.
« Ce fut dans la rue de l'Etape-aux-Vins, dix pas au-dessus de
la rue haute des Groisonneries, devant la porte de la maison n° 9,
que Simonneau rendit le dernier soupir. Un autre témoin ocu-
laire nous a assuré que, dans le délire de leur rage, les assassins
défilèrent au son du tambour autour de leur victime, et firent
une fusillade sur son corps palpitant et défiguré, en criant : Vive
la nation ! »
Transcrivons encore ici quelques réflexions d'un journaliste,
empreintes de ce sentimentalisme faux et déclamatoire qui est
un des caractères de l'époque; elles donneront la dernière touche
au tableau. C'est le journal officiel qui parle (9 mars) :
« Mme Simonneau, chérie des patriotes de la ville et respectée
du riche qui n'est composé que de la plus lâche aristocratie, est
trop humaine pour abandonner la ville d'Etampes.
« Cette ville malheureuse, de laquelle le voyageur s'écartera
désormais avec effroi, n'a plus d'autre distinction à espérer que

Bien que l'inhumation de Simonneau eût été faite au milieu d'un concours d'amis et de l'administration, ce ne fut que le 19 mars que les honneurs funèbres lui furent officiellement rendus. Un service fut célébré dans l'église Notre-Dame, en présence des administrateurs et des juges du tribunal du district, d'un détachement de la garde nationale de Paris et de la cavalerie cantonnée à Etampes, et de tous les fonctionnaires dont le cortége parcourut solennellement le trajet de l'Hôtel-de-Ville à l'église. Un discours funèbre fut prononcé par M. Sibillon, nouveau maire, qui en fit hommage d'un exemplaire à l'Assemblée nationale.

Cependant les désordres qui venaient d'agiter Etampes avaient laissé des traces, et une sourde agitation continuait à se faire sentir dans la ville et aux environs. Les esprits étaient très divisés sur l'appréciation de l'événement du 3, et cette divergence s'était reflétée dans les nombreux journaux du temps. J'aurai plus tard à faire plus en détail la critique de leurs récits et des jugements exagérés dans divers sens qu'ils formulèrent; je me borne quant à présent à suivre le récit des faits pour ne pas en interrompre l'enchaînement. Les uns, entraînés par le courant démagogique qui devenait de plus en plus puissant, jacobins exaltés, lecteurs de *l'Ami du*

la présence d'une citoyenne qui, par un caractère ferme et une âme élevée, est capable à la fois de recueillir les honneurs civiques qui seront rendus à son mari et d'honorer encore cette ville flétrie, par les soins et les travaux de son commerce qui fait subsister plus de trente familles.

« Son fils, jeune homme désormais plus particulièrement consacré à la patrie, et à qui les patriotes s'étudieront à découvrir un mérite personnel capable de recevoir leur reconnaissance, s'est, dit-on, décidé à quitter les études agréables pour se mettre à la tête du commerce de son père, moins pour augmenter sa fortune, qui déjà suffirait à une existence heureuse, mais dans le dessein de soutenir une maison de commerce utile à un grand nombre de familles laborieuses. C'est la première consolation que ce digne jeune homme aura pu donner à sa respectable mère. »

Peuple ou du *Père Duchesne*, gens indifférents aux principes politiques et administratifs, ne voyant qu'une chose, la misère présente ; d'autres, plus avisés, comprenant la solidarité qui les rattachait aux fauteurs présumés des troubles : tous cherchaient à pallier ceux dont Etampes venait d'être témoin et à les attribuer à un moment d'égarement produit par la détresse et la faim ; un grand nombre, cédant à la peur, préoccupés de l'idée que de semblables scènes pouvaient se renouveler chaque semaine dans des circonstances plus terribles, n'avaient qu'un but, celui d'en empêcher à tout prix le retour. Ce fut sous cette impression qu'une adresse fut faite aux officiers municipaux, à l'effet d'autoriser les citoyens à se rassembler paisiblement et sans armes, pour aviser aux moyens pressants à prendre à cause du prix excessif des grains. Il y fut répondu par la proclamation suivante, publiée au son du tambour, en présence de deux des administrateurs du district (5 mars) :

« CITOYENS,

« La réunion des habitants de plusieurs paroisses du district et les malheureux effets qu'*ils* ont produits le 3 de ce mois doivent vous attrister sur les suites qui en peuvent résulter. Vous avez comme nous juré de maintenir la Constitution ; elle est l'ouvrage de vos représentants. Il est possible que quelques lois ne soient pas conformes à vos intérêts ; le temps et l'expérience en opéreront la réforme ; mais c'est en employant les moyens que la loi vous offre que vous pouvez réclamer, et ces moyens sont simples, des représentations, des pétitions.

« L'on vous égare quand l'on vous persuade que les attroupements, les meurtres remédieront à ces maux ; la violence n'a jamais produit d'effets salutaires. Unissez-vous donc, etc... »

Des citoyens s'étant présentés au district pour demander la taxe de la farine et la diminution du pain, le Directoire prit le même jour l'arrêté dont voici l'extrait :

« Considérant qu'il n'appartient point aux corps administratifs de donner un prix à la farine, que la seule ressource que les circonstances offrent est de nommer des commissaires pour se transporter chez les marchands de blé et fariniers, afin d'arrêter, de concert avec eux, un prix pour la farine et de prendre leur soumission de la quantité qu'ils sont en état de fournir aux boulangers, laquelle marchandise sera remise aux boulangers sur les mandats de la municipalité et à la charge de payer comptant.

« Nomme à cet effet commissaires, MM. Sagot, Constance, Maugrain et Lecomte... »

Le 7, M. Hamouy-Bonté soumissionna la fourniture pendant quinze jours de 4 sacs de farine par semaine, de 325 livres, au prix de 46 livres le sac. Pareilles soumissions furent faites par MM. Gillet, Béchu, Godin, Creuzet-Périer, Chevallier-Delisle et Mme Desroziers-Robert.

Une autre adresse fut présentée dans le même sens que celles dont il vient d'être parlé à l'Assemblée nationale et repoussée par elle comme elle l'avait été par l'administration du district (1).

(1) C'est sans doute par suite d'une méprise que le *Journal de Paris*, n° du 8 mars, rapporte qu' « une députation de la municipalité d'Etampes est venue à la barre, séance du 6; on s'attendait à la voir déplorer avec tous les citoyens patriotes et sensibles la perte de son chef, et de vifs murmures ont interrompu

Toutes ces démarches trouvèrent l'administration supérieure inébranlable dans ses résolutions. Décidée à
faire respecter la loi relative à la libre circulation des ✗
grains et à maintenir, quelles qu'en fussent les conséquences passagères, la réforme économique en laquelle
elle avait foi, et comprenant qu'il y aurait plus de danger d'accroître l'égarement de l'opinion publique et
d'irriter encore la multitude en lui laissant concevoir
l'espoir d'une mesure que les législateurs devaient repousser, elle jugea nécessaire d'envoyer de nouvelles
troupes à Etampes et de tenir prête une force armée
suffisante pour réprimer les nouveaux désordres qui menaçaient et qui ne tardèrent pas à se produire sur plusieurs points du département. De son côté, la municipalité d'Etampes s'occupa de former la garde nationale
qui aurait pu être une garantie d'ordre dans les conjonctures difficiles que l'on venait de traverser, et le 16 mars,
les citoyens inscrits pour ce service furent convoqués
pour le mardi suivant, afin d'élire leurs chefs. Les mouvements tumultueux, en s'étendant, rendaient la situation de plus en plus périlleuse.

l'orateur quand il a cherché à excuser les assassins du maire
qui a péri, dit-il, sous les coups de citoyens égarés par la faim.
Ils ont été non moins vifs quand ils ont proposé la taxe du blé
et l'autorisation à forcer les fermiers à en apporter au marché. »
Cette députation était sans doute celle des mêmes citoyens qui
avaient fait une adresse à la municipalité et transmise par celle-ci
au district. L'absence de délibérations sur les registres de la commune d'Etampes du 3 au 7 ne permet pas de préciser les faits,
mais rien n'indique que cette députation eut un caractère officiel.

III

La journée du 3 mars fut l'épisode le plus saillant de l'agitation séditieuse qui pendant l'hiver de 1791-92 mit en danger la paix intérieure et fut sur le point d'allumer la guerre civile dans notre département et dans une partie de la France : c'est celui qui peut servir à caractériser ces mouvements, mais ce ne fut point le dernier. A partir de ce moment au contraire les émeutes se renouvellent chaque jour sur un point ou sur un autre du département. Le gouvernement s'en préoccupe sérieusement et le ministre de l'intérieur constate que partout où étaient établis des marchés il y avait, aux jours de tenue, des rassemblements tumultueux et le plus souvent armés, qui nécessitaient des envois de troupes dans les localités menacées.

Ces désordres se produisaient successivement, quelques-uns étaient simultanés. Les départements voisins n'en étaient pas exempts ; dans plusieurs ils eurent de la gravité, dans celui de l'Eure notamment ; pendant le mois de février et partie de celui de mars, ce département fut la proie d'une véritable guerre civile. Depuis près de trois mois une bande de gens sans aveu tenaient la route de Verneuil, excitant partout l'inquiétude dans les campagnes relativement aux subsistances. Le 1er mars l'attroupement n'était encore que de 500 individus, le 3 il y en avait 5,000, le 6, 8,000 (1). Pour leur tenir tête, le Directoire du département avait réuni toutes les forces disponi-

(1) Rapport de Tardiveau à l'Assemblée nationale le 15 mars.

bles. Plus de 1,100 hommes tant de troupes de ligne que de garde nationale , suivis de quatre pièces de canon, avaient été mis sur pied ; 250 gardes nationaux du département de l'Orne durent aussi s'y joindre : cette force était commandée par un maréchal de camp. Les insurgés armés tenaient la campagne aux environs de Verneuil et de Breteuil. Dispersés après cinq jours de poursuite, laissant près de cent des leurs aux mains de la justice, les uns rentrèrent dans leurs foyers, les autres se répandirent dans les départements voisins (1).

En présence de faits aussi graves, le Directoire de Seine-et-Oise prit des mesures énergiques pour empêcher qu'ils ne s'étendissent ; en conséquence, il s'adressa à l'Assemblée nationale pour qu'elle mît (6 mars) à sa disposition les troupes nécessaires, et en même temps il affirmait ses principes dans une proclamation répandue dans les campagnes et destinée à calmer les esprits égarés.

« Des ennemis du peuple et des lois, y disait-il, ont égaré quelques habitants des campagnes, ils en ont forcé d'autres par la terreur à s'associer à leurs complots et à leurs brigandages ; il n'y a plus ni liberté ni sûreté dans plusieurs de nos marchés ; les magistrats du peuple sont réduits à autoriser ces excès par leur présence, ou massacrés quand ils réclament l'exécution des lois.

« Les marchés doivent être libres... Tout attroupement armé sans l'autorité des lois n'est qu'un ramas de brigands qui doivent être et qui seront infailliblement punis...

« ... L'acheteur ne peut avoir le droit de taxer le prix

(1) Notice sur les troubles de février et de mars 1792 dans le département de l'Eure, par M. Boivin-Champeaux (*Mémoires de la Société de l'Eure*, années 1862-1863).

de la marchandise qu'il achète ; s'il la taxe il n'est plus qu'un voleur; nul autre que le propriétaire n'a le droit de proposer le prix et de le débattre librement avec l'acheteur.

« Si des citoyens ou des communes allaient fouiller de leur propre autorité les granges et les greniers situés dans leur territoire, ils feraient ce que la loi défend, ils attenteraient à la liberté et à la propriété; s'ils allaient fouiller des granges et des greniers situés dans d'autres communes, s'ils prétendaient en faire sortir les grains par la force, les communes où les grains se récoltent voudraient à leur tour conserver pour elles tout ce qui aurait été recueilli sur leur territoire.

« Et c'est déjà ce qui arrive aujourd'hui : les communes qui ne récoltent pas assez pour se nourrir, les villes qui ne récoltent rien, seraient réduites ou à périr par la famine ou à s'armer pour se procurer les subsistances qui leur manqueraient; dès lors il n'y aurait plus que des brigands et des assassins.

« Que si des manœuvres odieuses menacent du resserrement des subsistances, les citoyens doivent s'adresser à leurs magistrats, dénoncer ces manœuvres aux administrations, au Roi, à l'Assemblée nationale, leurs doubles représentans et les dépositaires du pouvoir légitime.

« .... La paix, la paix seule et l'observation exacte des lois peuvent ramener parmi nous le travail, l'abondance et le bonheur, en y ramenant le commerce, les arts, les citoyens riches qui occupaient les bras du pauvre et le soulageaient par leurs bienfaits ; en y appelant les étrangers qui n'attendent que la fin de nos troubles pour venir partager avec nous les avantages que nous promettent nos nouvelles lois, l'heureuse situation de notre sol, la fécondité de nos terres et les progrès de notre industrie (1). »

Le pouvoir exécutif n'était pas non plus sans être vivement inquiet des derniers événements. Déjà le Directoire du département avait obtenu du ministre de la guerre, et à diverses reprises, l'envoi de troupes de cavalerie qui devaient renforcer les brigades de gendarmerie partout où l'ordre serait troublé (2). Cahier de Gerville, ministre de l'intérieur, demanda et obtint de l'Assemblée un décret qui autorisait, après avoir décrété l'urgence, les administrateurs du département de Paris à envoyer dans celui de Seine-et-Oise six cents hommes de la garde nationale et deux pièces de canon, et dans celui de l'Eure, deux cents hommes de garde nationale et deux canons. Ces secours peuvent paraître faibles, alors qu'il s'agissait de faire acte de vigueur et de rétablir l'ordre sur tant de points attaqués; mais il ne faut pas perdre de vue que les gardes nationales locales étaient directement chargées de maintenir la sécurité chez elles, et que déjà le pouvoir exécutif les avait fait appuyer par quelques détachements de l'armée permanente. A la vérité, partout la garde civique n'était qu'imparfaitement organisée, et dans bien des localités même pas du tout; parfois aussi elle se laissait entraîner à faire cause commune avec les perturbateurs. Le service de cette force armée était assez pénible; une partie était mobilisée et devait se tenir prête à rejoindre l'armée active, dont trois corps étaient en ce moment réunis sur les frontières du Nord et de l'Est, en prévision de la guerre alors imminente avec la Prusse et l'Au-

(1) Registres du Directoire, 9 mars, reg. 15, fo 164.
(2) *Ibid.*, 3 mars.

triche, et qui fut en effet déclarée le 20 avril suivant.

Cependant, en sortant d'Etampes, les émeutiers s'é-
taient dirigés de nouveau sur Montlhéry, entraînant les
populations sur leur passage. Eclairés par l'expérience
qu'ils avaient faite quelques jours avant, les habitants
de cette petite ville s'armèrent pour se défendre et
refusèrent énergiquement les secours que le gouvernement voulait leur envoyer. Le commissaire du Directoire, Rouveau, arrivait de Longjumeau avec un détachement de chasseurs de Lorraine. Sur les instances
pressantes des municipaux, il consentit à les faire re-
tourner sur leurs pas. Et, en effet, avec l'aide des gardes
nationaux des communes voisines, fort tolérants du
reste en matière de taxe, la municipalité de Montlhéry
réussit à éviter de nouveaux excès (4 mars) (1).

Le 8 mars, voici ce qui se passait à Angerville, jour
du marché. Les cultivateurs y avaient apporté une
quantité de grains assez grande, eu égard à la médio-
crité de l'approvisionnement ordinaire. Il y avait aussi
un grand concours d'acheteurs ou prétendus tels ; beaucoup d'entre eux étaient armés, circonstance d'autant
plus remarquable que la garde nationale n'était pas non
plus organisée dans cette petite ville. La municipalité,
n'ayant aucune force à leur opposer, dut se résigner à
taxer les grains. Tout ce qui avait été exposé en vente
fut enlevé ; alors huit individus ayant à leur tête un
particulier dont ils semblaient suivre l'impulsion, vinrent à la maison commune demander où ils pourraient
trouver du blé dont ils avaient, disaient-ils, grand
besoin ; on le leur indiqua, et sur l'offre qui leur fut
faite de leur vendre autant qu'ils en voudraient au cours

(1) Procès-verbal de M. Rouveau, Archives de Seine-et-Oise.
Subsistances, 1792, liasse Montlhéry.

taxé, ils répondirent qu'ils ne voulaient pas de blé de première qualité, mais du blé mêlé d'orge ; qu'il fallait que les officiers municipaux leur en procurassent, sinon qu'ils allaient voir!!! On leur en offrit; trois seulement en achetèrent chacun un sac; quant aux autres, ils refusèrent. Evidemment les choses se passaient trop facilement au gré de leurs désirs; ils restèrent la nuit au cabaret, faisant tapage, sortirent à plusieurs reprises pour aller frapper à la maison commune, en insultant le corps municipal, et, après avoir été frapper aussi à la porte de deux marchands de blé, les sieurs Gatineau et Paillot, en leur disant de sortir, qu'ils les mettraient *à la lanterne*, ils se retirèrent le matin en criant au feu à la sortie du bourg. A la suite de l'enquête faite par les commissaires du Directoire du département, on arrêta deux individus de Pussay ; quant aux autres meneurs, ils demeurèrent inconnus (1).

Le lendemain 9 mars, Corbeil fut attaqué par les gardes nationaux des communes voisines; mais, comme le 2 mars précédent, l'attitude de la municipalité et de la garde nationale imposa aux mutins, dont une partie déposa les armes et se contenta de visiter les magasins de la ville à l'issue du marché, avec force menaces toutefois. Depuis longtemps les environs de Corbeil étaient fort agités; des attroupements parcouraient les villages pour forcer les municipalités et les paysans à se transporter au marché de Brie-Comte-Robert, à l'effet d'y taxer le blé, appuyant leurs invitations de violences envers ceux qui paraissaient peu disposés à les écouter. Dans ce but, les 4 et 5 mars, les habitants de Brunoy se mirent en insurrection; ils se rendirent chez le

(1) Procès-verbal des commissaires Huet, Rouveau et Chovot, du 16 mars (Archives de Seine-et-Oise).

maire, dans la maison duquel les armes étaient dé-
posées, s'en emparèrent par violence et les distri-
buèrent; en même temps, la cloche de l'église sonnait à toute volée. A ce signal, les habitants des communes voisines se rallièrent au rassemblement; l'exaltation était très grande, et le tumulte dura trente-six
heures. L'envoi d'un commissaire appuyé d'un détachement de la garde nationale de Versailles fut jugé nécessaire pour rétablir l'ordre (1). Les mêmes faits se passèrent à Sucy, à Santeny, à Yères, à Montgeron; à
Créteil, le tocsin sonna et les émeutiers voulurent forcer
les boulangers à baisser le prix du pain; on se donna
rendez-vous en force au prochain marché de Brie (2).

Dans le même temps, l'agitation se propageait dans
les districts de Gonesse, de Pontoise et de Mantes; le
13, émeute à Beaumont-sur-Oise, dont la garde nationale refusa de se réunir à l'appel de la municipalité ;
l'ordre fut rétabli par les gardes civiques des communes
voisines. Le lendemain 14, insurrection à Marines; les
sacs de blé apportés sur le marché furent déliés, et le
prix fixé arbitrairement à 20 livres, à l'insu des propriétaires; il y eut même des sacs enlevés sans payer; deux
individus semblaient être les auteurs des troubles (3). On
eut des craintes sérieuses pour le marché de Beaumont.
Des mouvements se produisirent également à Saint-Germain le 12 et à La Roche-Guyon le 13. Les gardes
nationaux de Mantes et de Magny se transportèrent dans
cette dernière localité et, par leur présence, assurèrent
la tranquillité du marché. Le billet suivant avait été

(1) Rapport de Belin, commissaire, du 11 mars.
(2) Procès-verbaux du Directoire du département, *passim*.
(3) Registres du Directoire et cartons Subsistances, 1792 (Archives de Seine-et-Oise).

adressé individuellement aux habitants des environs :
« Citoyen, vous êtes invité à vous trouver demain sous
la halle, à onze heures du matin, pour affaire qui regarde le citoyen. »

Mais c'était au cœur même du département que l'agitation était le plus vive ; les districts de Rambouillet et
de Dourdan semblaient en être le foyer ; les insurgés
cantonnés entre Limours, Rochefort et Saint-Arnoult,
retranchés dans les forêts de Dourdan, d'Ivelines et de
Rambouillet, où ils commettaient des dégâts de toute
nature (1), occupaient une position centrale d'où ils pouvaient se porter sur tous les marchés, donner la main
aux bandes qui remuaient les cantons extrêmes et for-
çaient le gouvernement à disséminer ses troupes. Nous
les avons vus partir de là pour se rendre sur les marchés de Limours, de Montlhéry et d'Etampes. Le 2 mars,
pendant qu'un parti se dirigeait sur cette dernière ville,
un autre menaçait Versailles, et, en attendant l'occasion
de tenter un coup de main sur le chef-lieu, d'où les
tenaient à distance les patrouilles envoyées dans les communes voisines et la bonne tenue de la garde nationale,
ils se portaient dans les fermes, y faisaient l'inventaire
des blés, enjoignant aux détenteurs d'approvisionner les
marchés (2). Partout ils entraînaient avec eux les habitants des communes et souvent les municipaux eux-
mêmes (3) ; Rambouillet, Dourdan vivaient sous le coup
de terreurs continuelles et réclamaient incessamment
des secours. Le rassemblement qui tenait la campagne
et les bois s'élevait à deux mille individus, et il grossis-

(1) Rapport du garde général de la forêt de Dourdan, du
19 mars et autres rapports. Registres du Directoire. (Archives de
Seine-et-Oise.)
(2) Déclarations des maires de Floliers et de Pecqueuse (20 mars).
(3) Registres du Directoire du département, passim.

sait chaque jour. C'est à cette époque que les bandes de
l'Eure étaient dispersées, et sans aucun doute une partie
de leur contingent était venue renforcer celles de Seine-
et-Oise. Le 20, les émeutiers avaient passé à Epernon,
d'où ils avaient été repoussés avec succès par le maire;
malgré les menaces et les violences auxquelles il avait
été exposé, il avait verbalisé contre les insurgés, décerné
contre plusieurs d'entre eux des mandats d'arrêt et les
avait fait mettre à exécution (1). Les commissaires envoyés par les administrateurs du département écrivaient
le 22 mars que les mouvements qui se manifestaient à
Saint-Arnoult et aux environs ne leur permettaient pas
d'envoyer des troupes au secours de Corbeil, que Rambouillet était aussi menacé et qu'ils devaient s'y rendre.

Le 10 mars, les habitants de Sonchamps, la Hunière
et Greffier étaient arrivés au nombre de cent environ
armés de fusils, de piques et autres objets. Le marché se
passa tranquillement ; mais la semaine suivante ils arrivèrent en plus grand nombre (2), la municipalité de
Rambouillet s'était mise en mesure de les recevoir : elle
avait réuni sur le marché la garde nationale, cent hommes des chasseurs de Lorraine et quelques Suisses du
Château. Malgré les précautions il arriva comme partout :
les rangs des gardes nationaux furent rompus par la
foule. Il y avait dans la ville beaucoup d'ouvriers étrangers appelés par les travaux du château, mais qui se
trouvaient depuis quelque temps inoccupés. La mêlée
empêcha les chasseurs de donner, et les émeutiers furent maîtres du marché ; ils taxèrent le blé à leur gré,
l'enlevèrent en payant le prix qu'ils voulaient, ou même

(1) *Moniteur* du 22 mars.
(2) Communes de Saint-Léger, Saint-Arnoult, Selles, Bullion,
Sonchamps, etc.

sans payer, et forcèrent le sabre levé les cultivateurs à le leur livrer. Plusieurs individus en enlevèrent au-delà de leurs besoins, en sorte que d'autres ne purent en obtenir; ils se retirèrent enfin, en menaçant de revenir le samedi suivant et de sévir contre la municipalité si le marché n'était pas mieux approvisionné. Cependant le marché fut tranquille (1).

En même temps le district d'Etampes faisait savoir qu'il régnait encore dans la ville une grande fermentation, que des propos séditieux circulaient et faisaient redouter une insurrection, et que l'envoi d'une force de trois à quatre cents hommes était indispensable pour la prévenir (2). Enfin, Limours et ses environs ne cessaient pas d'être dans une agitation de plus en plus menaçante. Une circulaire adressée à toutes les paroisses avoisinantes les avait invitées à se réunir pour délibérer sur une adresse au Directoire du département en réponse à sa proclamation que les paysans trouvaient injurieuse pour eux. Les commissaires confirmèrent ces bruits en venant en personne donner de nouveaux détails au Directoire, et l'informer qu'ils ont vainement invité d'une manière pressante les maires des communes rurales à s'opposer au départ des citoyens armés. Ceux-ci se sont présentés au nombre de deux mille au marché de Limours, et les commissaires n'ont pu leur fermer l'entrée n'ayant avec eux que des forces insuffisantes. Dans cette situation ils ont dû se retirer pour éviter une collision dont le résultat n'était pas douteux (3). La fermentation était partout à

(1) Archives de Versailles.
(2) Registres du Directoire et communication de J. Debry à l'Assemblée le 25 mars.
(3) Limours est dans une gorge étroite et commandé de toute part. La cavalerie ne peut s'y déployer, et cent cinquante chasseurs dans cette position ne suffisaient pas pour imposer à la témérité. (Compte-rendu du Directoire à l'Assemblée).

son comble et si l'on ne parvenait pas à garnir les marchés
d'Etampes, de Dourdan et de Rambouillet des troupes nécessaires, des événements affligeants étaient à craindre;
un procureur de commune, convaincu par sa signature d'avoir donné des ordres pour la marche des séditieux, avait été arrêté, et enfermé dans la prison du district (1). Deux commissaires repartirent immédiatement,
M. Le Flamand pour Dourdan, et M. Rouveau pour
Rambouillet, et la municipalité de Paris put heureusement envoyer cent hommes de gendarmerie à cheval à
Corbeil, deux cents volontaires à pied à Dourdan, et
quatre cents hommes à Etampes (2).

Le 27, se présenta au Directoire de Versailles la députation de Limours au nom de treize paroisses du canton, et lui remit l'adresse suivante. Ce document mérite
d'être cité en entier : il reflète tous les préjugés de l'é-
poque.

« Les citoyens..... ont l'honneur de vous exposer que
peut-être on vous a mal instruits du rassemblement de
citoyens qui se sont faits et qu'on a mal à propos qualifié
de brigandage; il n'en est rien, messieurs, et nous démentissons formellement les plaintes qui auraient pu
vous être portées, où on aurait inculpé devant vous les
intentions de nos citoyens. Ce n'est point le trouble qu'ils
cherchent, au contraire ils ne demandent que l'ordre, la
soumission à nos lois et ils protestent de porter le dévouement le plus respectueux à la Constitution qu'ils ont
tous juré de maintenir au prix de leur sang, et ce sont
bien là les sentiments qui les dirigent. Quel a donc été le
sujet de leur démarche?

« Le voici, Messieurs. Les citoyens, voyant que jour et

(1) Rapport de J. Debry.
(2) Registres du Directoire de Seine-et-Oise.

nuit les blés qui fertilisent notre canton s'évanouissent à leurs yeux et qu'une famine prochaine et inévitable allait nécessairement réduire notre malheureuse contrée dans la plus triste pénurie, et que le renchérissement de cette denrée de première nécessité leur causait, ainsi qu'à toutes leurs familles, des alarmes trop malheureusement fondées, se voyant surtout dénués de toute espèce de travail et de secours, ont pris le parti de se transporter chez les fermiers dans l'étendue de ce canton, non pas pour les vexer, comme on a peut-être cherché à vous le faire croire, mais seulement pour s'assurer s'il existait chez eux des blés en assez grande quantité pour que les vivres ne puissent point leur manquer d'ici à la moisson prochaine. Qu'ont-ils fait chez ces fermiers? Rien autre chose que de constater les quantités de blé qui restaient chez chacun d'eux, et d'inviter tous les fermiers à en amener chacun la quantité proportionnelle à ce qu'il se trouvait chez eux, afin que le marché de Limours se trouve approvisionné pour le service public. Les fermiers ont souscrit très volontairement à une invitation aussi juste, et tout s'est passé avec la plus grande tranquillité, sans qu'il soit arrivé le moindre tumulte. Si quelques-uns ont été assez audacieux pour chercher à tromper votre religion sur ces démarches qui certes' ne sont pas aussi condamnables qu'on a cherché à vous le faire croire, nous démentissons formellement tout ce qui vous aurait été dit de calomnieux à l'égard de nos concitoyens.

« Le marché de Limours a toujours été très paisible ; rien ne s'y est passé de contraire à la loi ; on n'a pas, comme ont pu le répandre des esprits mal intentionnés, taxé le blé à un vil prix : la tête du blé ayant toujours été vendue 22 l. et 22 l. 10 s. La mesure étant la même qu'à Paris, ce prix n'est certainement point capable d'altérer la fortune du cultivateur ; il en est même plusieurs parmi nous qui souscrivent au présent arrêté avec le plus grand plaisir. Si la paix qui a toujours régné au marché de Limours a été troublée, ce n'a été que la troupe qui y a été envoyée jeudi dernier qui a alarmé l'esprit des citoyens, par la juste crainte qu'ils ont du renchérissement du blé, et que la présence de cette troupe ne favorise l'enlèvement des grains qui se trouvent actuellement dans l'étendue de ce canton, et qui suffisent à peine pour l'approvisionnement des citoyens qui le composent d'ici au temps de la moisson.

« Ainsi, Messieurs, il résulte donc que ce trouble n'a été occasionné que par la présence de la troupe, et que, s'il en était envoyé de nouveau, cela ferait courir les plus grands dangers ; n'envoyez aucune force imposante dans notre canton, nous vous en conjurons, Messieurs ; la paix sera conservée dans nos foyers, la loi sera toujours le mobile qui conduira nos citoyens ; leurs officiers municipaux à leur tête sauront, en la leur remettant sous les yeux, la faire respecter ; ils l'ont juré et leur serment ne sera pas vain ; le parjure est leur ennemi ; ils savent ce qu'ils doivent à la Constitution ; ils la maintiendront, ils le protestent avec fermeté ; ils promettent qu'il n'arrivera aucun événement qui serait contraire à la loi. Ainsi, Messieurs, d'après cette protestation solennelle et la pureté de leur intention, ils vous déclarent que le seul moyen de les laisser vivre en paix est de leur laisser la conduite des citoyens qui les ont élevés aux places qu'ils occupent, et tout sera dans l'ordre le plus parfait. Mais si au contraire ils sont dérangés dans la droiture de leur intention par un envoi de troupes qui pourrait échauffer les esprits, ils ne peuvent plus vous répondre de la tranquillité dont ils jouissent, et ils auraient tout lieu de craindre au contraire qu'il n'arrive des événements plus fâcheux. »

Le Directoire ne se laissa pas impressionner par ces protestations renouvelées sous toutes les formes ; il fit sentir aux députés combien leur conduite était irrégulière, ils en convinrent en objectant que nécessité n'a pas de loi. Parmi eux se trouvait le curé de Chevreuse, qui forme un canton distinct de celui de Limours. Sur l'observation qui lui fut faite que sa présence au milieu de la députation était sous bien des rapports inexplicable, il répondit que, se trouvant ce jour-là à Limours, on l'avait en quelque sorte forcé, malgré ses réclamations, de se joindre à elle. Le Directoire, estimant qu'il ne pouvait sans se compromettre adopter les principes de la délibération, parce qu'ils étaient contraires à la loi sur la libre circulation des grains, décida qu'une copie en serait adressée sur-le-champ au Ministre de l'intérieur, qui l'improuva en effet, et, par suite, il fut décidé que l'on aurait recours à la force armée (1). Les commissaires Rouveau et Challan partirent avec les pouvoirs les plus étendus.

Des rassemblements aussi considérables soulevaient à la même époque le district de Corbeil et les cantons limitrophes de Seine-et-Marne. Effrayé, le directoire de ce département envoyait une députation à celui de Seine-et-Oise, pour l'engager à se concerter avec lui. Déjà précédemment il avait préservé avec succès le marché du chef-lieu, Melun : une bande considérable s'étant dirigée sur la ville, la municipalité avait pris toutes les précautions pour que le marché et les boutiques des boulangers, grainetiers et fariniers fussent suffisamment pourvus, en même temps

(1) Délibérations du Directoire, registre 15, 27 et 28 mars.

qu'elle faisait des perquisitions dans les hôtelleries, auber-
ges et cabarets, pour s'assurer qu'il ne s'était pas intro-
duit dans la ville des gens suspects; elle avait en outre mis
sur pied la garde nationale et les troupes de cavalerie en
garnison à Melun, et fait soigneusement garder toutes
les entrées. Cette attitude imposa aux insurgés qui consentirent à déposer les armes avant de pénétrer en ville.
Le marché se passa dans le plus grand ordre, le blé apporté en très grande quantité se vendit à des prix modé-
rés (1). Des habitants de Corbeil et des environs au
nombre de trois mille, ayant à leur tête des officiers
municipaux s'étaient portés sur le marché de Brie-Comte-
Robert, mais la garde nationale les avait repoussés avec
courage. Les séditieux s'étaient retirés en menaçant de
revenir en plus grand nombre et de massacrer le maire,
les officiers municipaux et les boulangers, si le prix du
pain n'était pas fixé à 24 livres (2).

Dans le même moment que la députation du directoire
de Seine-et-Marne, arrivait à Versailles une dépêche du
directoire de Corbeil, pour l'informer des troubles qui
l'agitaient « des mouvements séditieux qui avaient eu lieu
dans plusieurs marchés de son arrondissement, des
craintes qui se manifestaient encore et des desseins per-
vers de gens mal intentionnés qui cherchaient à alarmer
sur les subsistances et à forcer les habitants paisibles des
campagnes à se porter à des excès contraires au bon
ordre et à la tranquillité publique ; » dans cette circonstance critique, le directoire local « crut de son devoir
d'employer tous les moyens possibles de ramener à des

---

(1) Rapport du ministre de l'intérieur à l'Assemblée. (*Moniteur*
du 11 mars.)
(2) Registres du Directoire. (*Moniteur*, séances des 23 et 26
mars.)

principes sages des gens égarés par des insinuations
perfides et repousser par la force ceux qui voudraient
l'employer pour assurer leur infraction à la loi, et trou-
bler la tranquillité des marchés. » En conséquence l'administration départementale nomma M. Benezech commissaire dans toute l'étendue du district de Corbeil et
l'autorisa à se concerter avec le directoire de Seine-et-
Marne (1). De son côté, l'Assemblée nationale autorisait
le pouvoir exécutif à envoyer dans ce département deux
bataillons avec quatre pièces de canon.

Cependant l'attitude prise par le Gouvernement et les
administrations centrales avait fait impression sur les
populations : nous voyons que dans bien des endroits la
garde nationale s'était jointe aux forces venues du dehors,
quelquefois même elle avait fait seule la police des
marchés. La ville de Montlhéry, souvent menacée, avait
toujours manisfesté son intention de pourvoir à sa défense ; déjà elle avait refusé les secours de troupes qui
lui avaient été envoyées. Le 8 mars, elle publiait un
règlement d'ordre à suivre pour la distribution du blé à
chaque particulier sur la place du marché. Il portait
qu'il serait délivré à chaque commune qui le fréquentait
des bons pour l'achat des blés ; à chaque marché il devait
être fait un rapport entre les quantités apportées en vente
et celles demandées par les acheteurs ; les boulangers et
les meuniers ne devaient avoir la faculté d'acheter
qu'après que tous les bons auraient été remplis (2). Un
acte d'une légalité plus équivoque était le pacte fédératif
qui dans le même temps était signé à Montlhéry entre
vingt-trois paroisses, en apparence pour maintenir la sécurité et la tranquillité sur les marchés, mais en réalité

(1) Registres du Directoire départemental.
(2) Archives de Seine-et-Oise, carton Subsistances, dossier M.

afin d'y amener des approvisionnements commandés par la force et d'y maîtriser les prix et la vente des consommations. Au marché du 12, les commissaires du directoire furent témoins de la façon dont les choses se passaient, tout était tranquille en apparence, le cultivateur vendait son blé ; mais il ne le vendait qu'à des acheteurs désignés (1).

Enfin, le pouvoir exécutif avait mis à la disposition du département des détachements de divers bataillons de volontaires et de gardes nationaux des départements qui se relevaient au fur et à mesure qu'ils étaient dirigés sur la frontière. Ces forces stationnèrent dans les chefs-lieux des districts pendant les mois de mars, avril, mai et juin.

Les plus mauvais jours étaient passés, mais le calme était loin d'être rétabli, et, bien que moins fréquents, les mouvements se continuèrent encore pendant les mois suivants. Il serait fastidieux d'entrer à leur sujet dans de plus longs détails, quelques traits suffiront pour compléter le tableau.

Le 24 mars, troubles à Dourdan ; le 29 à Saint-Chéron et à Limours, où la municipalité partagea le blé en petites quantités pour que tous les acheteurs pussent en avoir. Dans le district de Gonnesse, les domestiques, charretiers et gens de journée s'étaient attroupés pour taxer les blés, les œufs et autres objets de subsistances. Les désordres étaient assez graves à Survilliers, Drancy, Aulnay, Louvres, Tramblay, et plusieurs communes du canton de Luzarches, pour nécessiter l'envoi d'un commissaire, de cent hommes des volontaires de Paris et de

(1) Compte-rendu des commissaires du Directoire à l'Assemblée nationale. (Registres du Directoire, 23 et 30 mars, et 19 avril ; — registres 15 et 16.)

cinquante chasseurs. Dans toutes les paroisses où il y
avait des bois, les dégâts y étaient considérables, et l'au-
dace des déprédateurs allait jusqu'à vendre publique-
ment des voitures de bois volé. Du reste, tous les mouvements de ce district avaient pour cause les salaires; une
transaction s'opéra, et les cultivateurs, les boulangers et
les fariniers consentirent à des concessions. Le 12 avril,
la tranquillité était encore une fois rétablie, mais douze
individus avaient été arrêtés; toutes les délibérations ar-
rachées par violence aux municipalités au sujet de la
taxe furent annulées par le Directoire (1). Une délibération du district de Montfort tendant à obtenir la consta-
tation du blé existant chez les fermiers et à les contraindre à approvisionner les marchés eut le même sort.

La présence de détachements militaires eut pour effet
de prévenir de nouveaux excès sans cependant calmer
l'agitation qui régnait partout dans les villes aussi bien que
dans les campagnes; les arrestations de voitures de grains
se reproduisaient encore fréquemment; les marchés
étaient toujours menacés, quoique rarement envahis par
les perturbateurs, et ce ne fut qu'à la fin de juin que l'on
put relever les détachements de troupes disséminés sur les
divers points du département (2). A cette époque, la crise
qui avait pour objet la circulation et la liberté du commerce des grains peut être considérée comme terminée,
bien que la disette reparut encore à la fin de cette même
année 1792 et pendant l'année 1793 avec une intensité in-
connue jusque-là; mais alors le Gouvernement, adoptant

(1) Archives de Seine-et-Oise, carton Subsistances. Les troubles
du district de Gonnesse eurent plutôt pour objet les salaires,
autre question très grave soulevée par les décrets de l'Assemblée
sur les maîtrises et jurandes, la liberté de l'industrie et les coa-
litions, que je me propose d'examiner dans une autre étude.
(2) Registres du Directoire départemental, *passim*.

d'autres principes, essaya de combattre le mal par de nouveaux moyens, les réquisitions et la loi du *maximum*, dont le résultat économique fut loin de répondre à ce que l'on en avait attendu. En résumé, l'agitation de l'hiver 1791 et du printemps 1792 ne fut qu'un des accès de la fièvre qui travaillait le peuple depuis la prise de la Bastille, et que j'apprécierai plus loin.

IV

Les soulèvements que nous venons de passer en revue, les excès qui en avaient été la conséquence et surtout le meurtre de Simonneau, avaient produit une très vive émotion dans le public et au sein du Gouvernement. Nous en avons une preuve dans les mesures qu'elle provoqua de la part du pouvoir exécutif et de l'administration supérieure; ce qui se passa à l'Assemblée nationale, la polémique qui passionna les nombreux organes de la presse périodique, vont nous démontrer que cet épisode avait acquis assez d'importance pour s'élever un instant à la hauteur d'un événement de premier ordre. C'est qu'au fond de cette agitation, dont la cause apparente était la circulation et la taxe des grains, c'était la politique même intérieure de la France, sa constitution, son avenir qui étaient en jeu.

Les faits particuliers de l'histoire prennent un intérêt plus vif de leur rapprochement avec les événements généraux contemporains. Au moment où éclatèrent les premiers troubles, la Constitution venait d'être achevée; l'Assemblée constituante s'était dissoute (30 septembre 1791), et avec la nouvelle Assemblée nationale avaient

commencé les luttes des partis qui se disputaient les destinées de la patrie : les Feuillants ou Constitutionnels qui
voulaient le fonctionnement régulier de la Constitution,
c'est-à-dire la monarchie représentative, avec laquelle
toute l'influence dans l'Etat restait à la bourgeoisie ; et
les Jacobins, dont les représentants les plus éclairés
prirent bientôt le nom de Girondins, derrière lesquels
se formait déjà la Montagne. Ces deux fractions se
composaient de républicains désormais avoués ; elles
s'entendaient encore alors pour faire dériver la monarchie constitutionnelle vers la République ; mais de pro-
fonds dissentiments se faisaient déjà pressentir entre elles
dans leurs vues sur l'application de ce régime politique. Les Girondins, représentants avancés de la bourgeoisie, voulaient conserver à celle-ci sa prépondérance
dans le maniement des affaires publiques, tandis que les
Montagnards visaient à la démocratie pure ; disciples de
Rousseau et fanatiques des théories abstraites du *Contrat
social*, ils en poursuivaient l'application rigoureuse avec
une ardeur que ne détournait aucune difficulté pratique
et qui ne devait s'arrêter devant aucun moyen, quelle
qu'en fût la violence. Quant aux royalistes ou partisans
du régime qui avait fini en 1789, ils n'étaient plus repré-
sentés dans la nouvelle assemblée ; tous les membres
les plus influents de ce parti avaient déserté la Constituante, et depuis ils avaient été porter en masse à l'é-
tranger le foyer de leurs intrigues, sans se soucier
des dangers auxquels ils exposaient la monarchie qu'ils
prétendaient sauver, et leur patrie sur laquelle ils appelaient dans ce moment même la guerre étrangère en
même temps qu'ils y fomentaient la guerre civile. «L'assemblée étant ainsi composée, on voit que des deux
partis extrêmes qui s'avouaient les ennemis de la Cons-

titution, c'est-à-dire les républicains et les royalistes,
les premiers y avaient seuls quelques représentants;
conséquemment, le parti de l'ancien régime n'avait aucun moyen d'action légal, et il ne pouvait chercher la
victoire que par des voies illégitimes, c'est-à-dire par la
guerre civile et la guerre étrangère (1). » La faiblesse du
ministère, les incertitudes du roi, l'usage maladroit
qu'il faisait de ses prérogatives, les progrès de l'émi-
gration, la correspondance de la reine avec l'étranger,
ses sentiments ouvertement hostiles à la Révolution,
rendaient impossible la tâche des constitutionnels; la
Révolution qu'ils avaient espéré fixer était incessamment lancée en avant par les Jacobins, et bientôt les
Feuillants durent céder le pouvoir aux Girondins (24 mars
1792).

A l'extérieur, la guerre était imminente, mais les
hostilités n'avaient pas encore commencé. Le roi avait
solennellement déclaré à l'Assemblée et aux États voisins qui donnaient asile aux émigrés, que si pour le
15 janvier les rassemblements que ceux-ci avaient formés à nos frontières n'étaient pas dispersés, il emploie-
rait la force des armes; à cet effet, trois armées avaient
été réunies de Dunkerque à Bâle.

Les dissentiments qui divisaient l'Assemblée se mani-
festèrent, quoique sans aucun caractère de gravité, à
chacune des mesures que nécessita la répression des
désordres dont nous avons fait le récit. Le 7 mars, lorsque le ministre de l'intérieur Cahier vint demander de
faire passer des secours dans les départements, et à cet
effet sollicita un décret d'urgence qui autorisât les administrateurs du département de Paris à envoyer dans

---

(1) Lavallée, *Histoire de France*, t. IV, p. 51.

celui de Seine-et-Oise six cents hommes de garde nationale et deux pièces de canon, Thuriot insista vivement
pour que l'on envoyât de préférence des troupes de
ligne, alléguant que les gardes nationaux étaient fati-
gués et qu'on ne pouvait les déranger sans cesse de leurs
occupations. Cahier répondit que la mission qui devait
leur être confiée était de ramener au devoir des citoyens
égarés, et que par suite des citoyens y convenaient mieux
que la troupe. Thuriot ne faisait peut-être pas connaître
ses raisons les plus sérieuses pour désirer qu'il en fût autrement; la commune de Paris était déjà en état d'hostilité
réglée avec son Directoire départemental; représentant
de cette commune qui aspirait à l'influence qu'elle
exerça bientôt au moyen de la populace, avec tant de
despotisme, Thuriot voyait avec regret la garde nationale mise au service du pouvoir exécutif et d'une
autorité rivale; sans doute il ne prévoyait pas encore
l'usage que la commune ne tarderait pas à faire de ce
moyen d'action, mais il lui importait que nul autre n'en
eût la disposition.

. Là où l'administration voyait seulement des citoyens
égarés, les Jacobins ne cherchaient que des conspirateurs royalistes et des accapareurs; dans la séance du
12, le même Thuriot demanda que le comité de législation présentât un rapport sur les moyens de les réprimer.
Avant de trancher ainsi la question, il était important de
s'éclairer sur la véritable nature et les causes de l'agitation; c'est ce qu'avait fait l'Assemblée sur la proposition
formulée dans la séance du 6 mars par le député Tardiveau; une commission, dite des *douze*, avait été insti-
tuée à cet effet. Ce ne fut que le 26 avril que François
de Nantes vint en son nom rendre compte de sa mission.
J'analyserai plus loin ce document fort long, rempli de

considérations générales, mais en somme très insuffisant pour nous éclairer. J'en extrais seulement ici le passage suivant : « Il est évident pour tout homme qui sait ou qui veut voir, que le péril de la chose publique est dans l'anarchie ; que c'est là où tous nos ennemis nous travaillent ; que c'est là où se réunissent tous les efforts des aristocrates, des brigands, des exagérés ; les uns par le regret de leur pouvoir, les autres par le désir du pillage, les autres enfin par cet entraînement qui les pousse toujours en avant et qui les rend incapables de savoir s'arrêter jamais.

« Il faudra bien cependant que ce mouvement s'arrête ou que nous périssions ; il faudra bien cependant qu'après avoir détruit tous les anciens pouvoirs, nous respections ceux qui sont notre ouvrage (1). »

Le rapport de François était l'expression des anxiétés de l'Assemblée ; la difficulté des grains et subsistances était devenue secondaire pour elle ; la politique générale intérieure dominait toutes les questions de détail. D'autres préoccupations encore reportaient l'attention de l'Assemblée sur la crise qu'elle traversait. Il est nécessaire de dire ici quelques mots sur un incident qui, bien qu'en dehors de la série de faits qui nous occupent, se rattache cependant étroitement à l'épisode que j'ai entrepris de raconter. Je veux parler de la *Fête de la Liberté*, dont celle de *la Loi*, qui la suivit, organisée en l'honneur de Simonneau, fut la contre-partie.

Le 31 août 1790, une insurrection militaire avait ensanglanté les rues de Nancy ; la garnison, composée des trois régiments du Roi infanterie, mestre de camp et Châteauvieux, ce dernier de Suisses, était depuis un mois

(1) *Moniteur* du 28 avril.

en état de révolte. Il s'agissait du règlement avec les officiers des comptes des régiments et du paiement du reliquat aux soldats qui se prétendaient créanciers de sommes considérables. Ils l'étaient en effet, mais les officiers paraissaient peu disposés ou peu en mesure de se libérer ; les réclamations faites avec une insistance trop vive furent mal accueillies ; le respect disciplinaire fut compromis, des actes d'insubordination s'ensuivirent, puis enfin la révolte ouverte. Le 31 août, Bouillé, commandant les forces de l'Est, avait été envoyé pour rétablir l'ordre et s'était rendu à Nancy avec les troupes qu'il avait réunies à Metz ; les deux régiments français s'étaient soumis, mais les Suisses de Châteauvieux, peut-être par l'effet d'un malentendu, avaient persisté dans leur rébellion et fait feu sur les troupes de Bouillé. Après une résistance des plus vives, force était restée à la loi ; mais dans l'armée de Bouillé quarante officiers et quatre cents soldats et gardes nationaux avaient été tués ou blessés, et parmi eux l'héroïque Desilles, officier du régiment du Roi, qui s'était à plusieurs reprises jeté devant la bouche des canons pour empêcher les révoltés de faire feu. Les pertes avaient été plus considérables encore du côté de ces derniers.

Qu'ils aient eu des griefs légitimes, ce n'est pas le lieu de l'examiner ; mais la loi fondamentale de tout corps armé, c'est la discipline ; dès que cette règle est violée, la sûreté de la société même est en danger, elle se trouve livrée à la merci de la force naturellement aveugle et brutale ; l'indépendance même de la nation peut être compromise, comme le prouvèrent à quelque temps de là les revers que subit l'armée au début des hostilités contre les coalisés. Les Suisses révoltés furent condamnés : neuf à la peine de mort et exécutés dans les vingt-quatre

5

heures, et quarante à trente années de galères. Ils subissaient déjà depuis dix-huit mois leur peine à Brest lorsque des meneurs du parti Jacobin songèrent à eux pour en faire les héros d'une fête en l'honneur de la Liberté.

« Le lendemain de l'acceptation de la Constitution par le Roi (14 septembre 1791), une amnistie générale avait été accordée pour tous les faits relatifs à la Révolution. La question s'éleva de savoir si les Suisses de Châteauvieux étaient ou non compris dans l'amnistie. D'une part, on alléguait que ces soldats avaient été condamnés comme rebelles à la discipline française et qu'ils subissaient leur peine sur le territoire français. D'autre part, on répondait qu'ils avaient été condamnés en vertu d'une capitulation étrangère et par des juges étrangers, que les cantons suisses pouvaient seuls prononcer sur leur sort. Or, les cantons, par l'organe du grand conseil, demandaient formellement le maintien aux galères des Suisses de Châteauvieux. Cette discussion pour ou contre leur mise en liberté, dura, avec des phases diverses, pendant la plus grande partie de l'hiver de 1791 à 1792. Le parti jacobin employa, pour intéresser les Parisiens en faveur de ses protégés, une tactique que nous avons vue plus d'une fois réussir entre les mains d'habiles chercheurs d'une popularité factice; des écrivains affidés firent représenter sur les théâtres populaires plusieurs pièces dont ces soldats, encore aux galères, étaient les héros et dans lesquels on les offrait à l'admiration des spectateurs comme les victimes de la tyrannie et les martyrs de la liberté (1). »

Enfin, « à force d'écrits, de discours, et de pétitions, Collot d'Herbois obtint de l'Assemblée un décret qui;

(1) M. Ternaux, *Histoire de la Terreur*, t. Ier, p. 58.

passant outre à l'opposition des cantons suisses, étendait aux soldats de Châteauvieux le bénéfice de l'amnistie (1). » Ce n'était pas assez, il fallut que leur retour à Paris fût signalé par une fête patriotique. Cette solennité n'eut du reste aucun caractère officiel ; préparée pendant plus d'un mois par Collot et les Jacobins, elle eut lieu le 15 avril 1792. Ce n'était qu'une manifestation destinée par ses organisateurs plutôt à mettre en mouvement les forces populaires qu'à célébrer la liberté dont le rôle en pareille circonstance était assez équivoque. Elle a pu enthousiasmer à l'époque la population parisienne si prompte à émouvoir et portée à se payer d'apparences, elle a pu faire illusion à des esprits faciles à surprendre par des sophismes ou des faux semblants ; le but apparent, célébrer la liberté conquise en 1789, ne pouvait que mériter l'approbation, mais les héros et les circonstances étaient loin d'y répondre. Considérée de sang-froid, la fête du 15 avril ne peut être prise aujourd'hui que comme un outrage à la discipline, à la loi, à la justice, à la vraie liberté. Les constitutionnels ne s'y trompèrent point : il suffisait d'ailleurs que la solennité fût conduite par leurs adversaires politiques pour qu'ils ne pussent se méprendre sur le but que ceux-ci se proposaient d'atteindre ; c'était une attaque indirecte contre eux, contre leur manière exclusive de comprendre la liberté. Ils cherchaient l'occasion de prendre une revanche, les derniers événements la leur offrirent. Depuis plusieurs mois, la loi était partout outragée, il fallait la remettre en honneur. Ils organisèrent donc une fête officielle en l'honneur de la loi, dont le maire d'Étampes, Simonneau, venait d'être le martyr, à coup sûr plus respectable et plus sincère que

(1) M. Ternaux, *Histoire de la Terreur*, t. Ier, p. 59.

les Suisses du régiment de Châteauvieux ne l'avaient été de la liberté.

On n'avait pas attendu la fête du 15 avril pour célébrer le dévouement de Simonneau, les honneurs funèbres avaient partout été rendus à sa mémoire, et l'Assemblée nationale s'y était associée. Le 10 mars, la motion y fut faite de marquer comme une calamité publique le trépas du malheureux maire, et le député Laureau demanda un deuil de trois jours. Le 17 mars, Jean Debry (1), reprenant un vœu formulé quelques jours avant tant par un député que par le directoire de Versailles, proposa l'érection d'un monument en l'honneur de Simonneau.

« Votre comité, dit-il après avoir fait son rapport sur les faits qui s'étaient passés à Étampes, votre comité a pensé qu'il a bien mérité de la patrie. Les regrets d'un peuple sensible accompagnent encore les noms de d'Assas et de Desilles : il n'est pas moins dû, sans doute, à celui qui, fort de l'écharpe tricolore, s'est sacrifié pour faire respecter la volonté nationale. Vos regrets doivent être authentiquement consacrés ; l'intérêt de la loi le demande ; car, comment trouverait-elle des organes, si, victimes ou de leur zèle ou de l'égarement de la multitude, il ne restait pas même un souvenir pour leur nom ? Vous devez cet intérêt imposant au peuple, j'ai presque dit cette consolation à sa douleur, vous devez enfin ce témoignage à tous les officiers municipaux de l'Empire.

« Le 7 mars, il vous a été proposé d'ériger sur la place d'Étampes un monument simple, relatif à ce triste événement ; vous avez sans doute plus d'un effet à produire, il faut que le témoignage de votre affection soit

(1) Jean Debry, qui s'occupa beaucoup des affaires des troubles, n'est point suspect, car il vota avec les jacobins dans celle des Suisses de Châteauvieux.

utile au peuple qu'on égare ; il faut qu'il rappelle l'action, qu'il punisse le crime et qu'il en prévienne à jamais le renouvellement. Un monument durable est donc nécessaire. D'ailleurs, ce que doit principalement soigner le législateur, c'est d'attacher tous ses actes à des rapports d'utilité ; c'est de les faire tous tourner à l'instruction et au bonheur du peuple. Que le peuple apprenne donc là ses devoirs ; qu'il apprenne à se défier de ceux qui l'égarent pour le conduire au crime, parce que le crime leur est utile ; qu'il sache que l'on compte sur l'abus de la force pour le rasservir. Si quelqu'un des auteurs de l'attentat échappe au glaive de la justice, à la vue du monument, il n'échappera pas au remords ; les dernières paroles du maire retentiront dans son cœur et seront son supplice : « *Vous pouvez me tuer, mais je mourrai à mon poste.* » C'est là que pour chaque citoyen sera gravée en caractères funèbres la loi sur la circulation des subsistances ; aucun de ceux qui viendront à Etampes ne passera devant le marbre noir du monument sans offrir leurs regrets aux mânes du magistrat immolé, et leur amour aux législateurs qui auront ainsi respecté, honoré, vengé sa famille et sa mémoire.»

En conséquence, l'Assemblée, après avoir décrété l'urgence, rendit le décret suivant :

Article premier. — Il sera érigé aux frais de la nation, sur la place servant de marché à Etampes, une pyramide triangulaire ; sur l'un des côtés seront gravés ces mots : *Jacques-Guillaume Simonneau, élu maire le... mort le 3 mars 1792, l'an IV° de la liberté;* sur le second ceux-ci : *Ma vie est à vous, vous pouvez me tuer, mais je ne manquerai pas à mon devoir, la loi me le défend;* enfin, sur le dernier, l'on gravera cette inscription :

cription volontaire pour subvenir à ses frais. Nous avons
pensé et le décret de septembre 1790 nous a appris que
le champ de la fédération est un lieu destiné à recevoir
ces chants civiques ; mais nous avons pensé, d'après le
même décret, qu'il est une propriété nationale dont les
représentants du peuple ont seuls droit de disposer.

« ... Nous avons un grand exemple à vous rappeler ;
c'est là que déjà des citoyens morts pour la loi ont reçu
les honneurs civiques. Nous vous prions d'ordonner
qu'au champ de la Fédération, il soit rendu à Simonneau les mêmes honneurs que ceux qui ont été rendus
en septembre 1790 aux gardes nationaux de Metz, morts,
comme lui, pour la loi : nous osons espérer que l'Assemblée voudra par sa présence ajouter à la solennité de
cette fête. (Oh ! oui ! Oh ! oui !)

Dumolard convertit la pétition en motion, et, malgré
les observations de Thuriot qui objectait que la municipalité de Paris devait se présenter à l'Assemblée pour le
même objet, la proposition fut décrétée ; et le comité
d'instruction publique chargé de faire un rapport. Il fut
présenté à la séance du 12 mai par Quatremère qui, rap-
pelant le décret qui précède, s'exprima ainsi : « ... L'empressement avec lequel vous l'avez rendu prouve que
vous avez vu plus qu'une fête civique, que vous avez
vu au-delà même d'une réparation à faire à une victime de la loi. Vous avez voulu encourager le pa-
triotisme par un grand exemple ; c'est ainsi que les
législateurs d'un grand empire, maniant avec art le le-
vier de l'opinion, peuvent d'un seul mouvement et sans
effort calmer les orages.

« Oui, cette fête nationale, consacrée au respect de la
loi, est un rappel à l'ordre bien plus puissant que les
moyens de la force. Sans doute que lorsque la liberté

sera consolidée, vous vous empresserez et vous consacrerez une fête générale en commémoration de tous les événements, de toutes les actions célèbres qui auront contribué à son affermissement; vous ferez des fêtes en l'honneur de la liberté, d'autres en l'honneur de la loi, véritable divinité de l'Empire; mais vous n'avez pas voulu aujourd'hui généraliser celle dont il s'agit, parce que vous avez craint d'en atténuer l'effet. Le maire d'Etampes est mort au nom de la loi outragée ; la loi seule doit partager son triomphe. Notre comité communiquera ses vues pour l'ordonnance de cette fête aux personnes qui seront chargées de l'exécuter (1). »

Les Jacobins sentirent le coup; ils proposèrent quelques amendements de nature à changer la signification de la fête et à en atténuer l'effet; mais la majorité adopta les conclusions des rapporteurs et rendit le décret suivant:

« ... Considérant que la nation entière est outragée lorsque la loi est outragée dans la personne d'un magistrat du peuple ;...

« Article premier. — Une cérémonie nationale, consacrée au respect dû à la loi, honorera la mémoire de Jacques-Guillaume Simonneau, mort le 3 mars 1792, victime de son dévouement à la patrie.

« Art. 2. — Les dépenses de cette cérémonie seront acquittées par le Trésor public; la somme qu'il fournira ne pourra excéder 6,000 livres.

« Art. 3. — Le pouvoir exécutif fera ouvrir et disposer le champ de la Fédération, pour la pompe qui doit y avoir lieu; il donnera les ordres les plus prompts pour l'ordonnance de la cérémonie qui sera fixée au premier dimanche de juin.

(1) *Moniteur* du 13 mai.

« Art. 4. — L'Assemblée nationale y assistera par une députation de 72 de ses membres.

« Art. 5. — Le cortége sera composé des magistrats nommés par le peuple ; des différents fonctionnaires publics et de la garde nationale.

« Art. 6. — Le procureur général de la commune d'Etampes ; le sieur Blanchet, citoyen de cette ville, qui ont été blessés en prêtant force à la loi, et la famille de Jacques-Guillaume Simonneau, seront nommément invités à la cérémonie.

« Art. 7. — L'écharpe du maire d'Etampes sera suspendue aux voûtes du Panthéon français. »

La fête eut lieu au jour fixé, le dimanche 3 juin. Les appréciations des journaux du temps sont diverses suivant l'opinion à laquelle ils appartiennent. Elle paraît avoir conservé son caractère officiel, c'est-à-dire qu'elle fut calme, grave, exempte d'entraînement et d'enthousiasme, malgré la pompe que ses organisateurs cherchèrent à déployer, mais aussi dépourvue de ces scènes de saturnales qui avaient accompagné la fête de la liberté. C'est qu'en effet les partis extrêmes s'étaient abstenus d'y prendre part ; les royalistes souriaient avec dédain à cet appareil emprunté aux fastes romaines, pour faire impression sur la multitude ; les Jacobins n'y voyaient qu'avec dépit une revanche de la fête qu'ils avaient organisée quelques mois avant : aussi avaient-ils tout fait pour la faire avorter, et leurs organes les plus accrédités auprès du peuple avaient eu soin de la leur représenter comme une insulte. « Les événements arrivés à Etampes, n'eussent-ils pas été dénaturés, disait Robespierre, il faut convenir que la fête dont nous parlons n'en aurait pas été plus heureusement choisie. Le but des fêtes publiques n'est pas de flétrir le peuple en perpétuant le souvenir de ses erreurs, de fournir des aliments aux perfides déclamations des ennemis de la liberté!... Un maire, déployant l'étendart de la mort contre les citoyens qui l'ont choisi, dans l'un des mouvements dont l'inquiétude du peuple pour sa subsistance est la cause, est un citoyen estimable tout au plus peut-être; mais quelque douleur que puisse inspirer une infraction à la loi, il sera toujours difficile d'en faire un héros intéressant. »

La fête du 3 juin avait en partie manqué son effet (1). Cette demi-satisfaction ne suffit pas aux Jacobins ; aussi bien ils se sentaient désormais assez forts pour affirmer leur politique, et, à quelques jours de là, ils firent l'essai de leur puissance dans la journée du 20 juin où ils vinrent à la tête du peuple des faubourgs envahir les Tuileries, première tentative pour substituer à la royauté le gouvernement populaire; projet qui réussit complétement six semaines plus tard, dans la journée du 20 août, dont la conséquence fut la suspension provisoire du Roi, la dissolution de l'Assemblée et l'avénement de la République avec la Convention nationale.

(1) On n'a rien négligé, dit le journal royaliste de Mallet du Pau, pour donner à cette expiation une pompe et un appareil qui puissent faire impression sur la multitude. La loi était représentée sous toutes les formes, on y voyait son autel, son glaive, sa forme colossale, ses attributs, et la Bastille, insigne d'insurrection, etc. Le cortége a traversé Paris au milieu d'un peuple qui semblait interroger l'un et l'autre pour savoir ce qu'on lui voulait avec cet appareil romain aussi étranger à nos mœurs que les coutumes et la vie privée de cette nation. » (Mercure de France, juin 1792, p. 127.)

V

Cependant l'œuvre de la justice avait commencé et des poursuites criminelles avaient été dirigées contre les individus arrêtés sous la prévention d'avoir pris une part active et directe aux troubles qui ont été racontés plus haut. Ces procès et leurs résultats ne sont pas un des côtés les moins intéressants de cet épisode; nous y verrons les passions politiques s'y donner carrière, et la polémique des journaux s'emparer de ce sujet pour arriver à infliger un nouvel échec au parti constitutionnel.

Le Directoire du département, avec la vigueur que nous avons déjà remarquée, avait dans chaque circonstance nommé des commissaires chargés de se transporter dans les localités où des mouvements avaient éclaté, pour en rechercher les causes et la nature et étudier les moyens de rétablir la tranquillité. Ils s'étaient acquitté de cette mission avec le plus grand zèle, en même temps qu'avec modération; mais partout, ou à peu près, leur activité s'était heurtée contre l'inertie et souvent le mauvais vouloir des administrations locales.

Le 3 mars, le jour même de l'affaire d'Etampes, MM. Rouveau et Durand furent envoyés à Montlhéry, Palaiseau, Limours et Chevreuse, et dans tous les lieux où leur présence pourrait être indispensable, à l'effet de faire désarmer toutes les personnes armées sans réquisition; ils devaient s'assurer que les juges de paix étaient en état de délivrer des mandats d'arrêt contre les assassins de Thibault; ils devaient se transporter sur tous les marchés, notamment sur celui de Limours, pour constater les insurrections qui y avaient eu lieu, requérir des mandats d'amener ou d'arrêt contre leurs auteurs ou ceux qui s'étaient portés en armes chez les fermiers, violant leurs domiciles et exigeant de force des soumissions pour fournir à bas prix le blé qu'ils avaient jugé nécessaire à l'approvisionnement des marchés.

D'autres commissaires furent délégués vers l'Assemblée pour lui exposer la situation critique du département; ils en obtinrent le 6 un décret qui mit à sa disposition les troupes jugées nécessaires au rétablissement de l'ordre et de la tranquillité. Le 7, le Directoire désigne MM. Rouveau et Huet pour se rendre à Etampes afin d'y faire exécuter ce décret. M. Rouveau était déjà en mission à Montlhéry. Les deux commissaires arrivèrent le 9 à Etampes, où une foule nombreuse les attendait; ils furent introduits à la maison commune par les juges de paix. Le discours prononcé au nom de la commune témoigne des sentiments qui animaient la population; l'orateur y émettait l'espoir que les commissaires n'avaient pas l'intention de maintenir le blé à un taux qui excédât les facultés des journaliers (1). Dans de semblables dispositions, il fallait s'attendre à une résistance au moins passive; aussi, le 11, les commissaires écrivent-ils au Directoire que leur mission prenait une marche pénible; à la vérité, le marché avait été tranquille, mais peu approvisionné; les juges de paix informaient et l'on espérait que les coupables seraient bientôt arrêtés (2).

(1) Registres du Directoire, 15; reg. de la commune d'Etampes.
(2) « Les citoyens d'Etampes, faibles de leurs divisions, n'ont ni l'énergie, ni le courage qu'exigent les circonstances critiques; le peuple, toujours tourmenté d'inquiétudes, ne connaît que la crainte de manquer de subsistances. » (Rapport du Directoire de Seine-et-Oise à l'Assemblée nationale; registres du Directoire, t. XV, 23 mars.)

En effet, jusque-là, aucune arrestation n'avait encore été faite, et ce fut sur leurs dénonciations que les premières poursuites furent dirigées contre les individus qu'ils indiquèrent. Ainsi une semaine entière s'était écoulée sans que les magistrats de la localité aient songé à se saisir des coupables, ou mieux aient osé le faire (1). A Montlhéry, où il y avait aussi un crime à venger, les prévenus avaient pu se dérober aux poursuites, et une femme seule avait été mise sous la main de la justice. L'instruction fut dirigée avec tant de mollesse, que le Directoire dut, le 30 mars, déléguer de nouveau M. Rouveau pour faire mettre à exécution les mandats d'arrêt décernés contre les individus prévenus des crimes de Montlhéry et d'Etampes. Le 2 avril, des ordres plus pressants lui sont donnés ; il devra se transporter de nouveau à Etampes et provoquer par tous les moyens la punition des auteurs du meurtre, faire toutes les réquisitions convenables pour exciter le zèle et l'activité des juges du tribunal ; s'assurer si la force qui existe dans cette ville est assez imposante pour la mettre à l'abri de toute insulte et si elle suffit pour l'exécution du jugement du tribunal et le transport à Versailles des particuliers qui devront être traduits devant le tribunal criminel ; il devra continuer à protéger les marchés d'Etampes, Angerville, Montlhéry, Arpajon et Palaiseau (2).

Il serait trop long de suivre les commissaires dans leurs tournées incessantes à travers le département pendant les mois de mars et avril ; partout où des troubles

(1) « On peut tirer vengeance de l'assassinat, dit une lettre datée d'Etampes du 6 mars : on assure qu'on en connaît les auteurs. Le district a promis de faire tout ce qui serait en son pouvoir, mais n'aura-t-il pas peur aussi ? et peut-on compter sur sa parole. » (Moniteur du 8 mars.)
(2) Registres du Directoire de Seine-et-Oise.

éclataient, des membres du Directoire étaient délégués, souvent munis de pleins pouvoirs, avec injonction à la force armée envoyée par le pouvoir exécutif de se mettre à leur disposition sur leur réquisition. Partout leurs rapports constatent, de la part des autorités locales, un mauvais vouloir à peine dissimulé, et de la part des populations ouvrières et indigentes une hostilité sourde, à laquelle imposait à grand'peine leur fermeté et leur prudence.

La lenteur de l'instruction criminelle s'explique par l'agitation qui n'avait cessé de régner pendant tout le mois de mars et partie de celui d'avril, et qui avait nécessité l'emploi de forces imposantes sur divers points du département. Ces forces elles-mêmes avaient souvent fait défaut, ne pouvant suffire aux exigences multiples du service que l'on réclamait d'elles ; elles étaient composées pour la majeure partie de gardes nationaux volontaires envoyés par le département de Paris ; ceux-ci étaient partis un peu à la hâte ; ne s'attendant pas à un séjour aussi prolongé, ils se trouvèrent bientôt dépourvus de tout et ils ne rencontrèrent pas toujours de la part des administrations locales des dispositions propres à rendre leur service moins pénible. Les quelques centaines d'hommes fournis par Paris, dirigés d'un point du département à l'autre, à travers des chemins rendus presque impraticables par la neige et la pluie d'un hiver rigoureux et prolongé, furent bientôt à bout de forces. La mauvaise humeur qu'ils ressentaient de tous ces obs-

---

(1) « Il semble qu'il n'y ait en France ni magistrats, ni tribunaux. » (J. Debry, *Moniteur* du 30 mars.) — « Lorsque les juges de paix ou le jury d'accusation veut juger des crimes, les mêmes mouvements qui ont produit l'émeute les entourent encore. » (Rapport de François de Mantes à l'Assemblée nationale, au nom de la Commission des Douze ; *Moniteur* du 28 avril.)

tacles n'étaient pas de nature à rendre leur mission plus
facile ; elle se traduisit même quelquefois par des propos
inconsidérés et des actes d'insubordination ; ceux qui les
conduisaient étaient obligés d'user avec eux de beaucoup de ménagements pour les empêcher de faire cause
commune avec les perturbateurs (1). Il fallut au bout de
quelques semaines les faire rentrer dans leurs foyers ; de
là des intermittences dans le service de la police, des
lenteurs qui paralysaient l'activité des commissaires et
servaient d'excuse aux indécisions des municipalités et
de la justice subalterne.

L'action de la justice rencontrait partout des obstacles.
L'instruction était confiée aux juges de paix ; ces magistrats inférieurs ne siégeaient pas toujours au chef-lieu
et exerçaient ordinairement une autre profession, le plus
souvent celle de notaire, qui nuisait à leur indépendance ;
leur position les privait ainsi de l'ascendant et de l'autorité morale si nécessaire dans de pareilles circonstances ;
ils le sentaient eux-mêmes, ce qui diminuait encore leur
force. Peu éclairés d'ailleurs, ils étaient fréquemment
obligés d'en référer au ministère de la justice sur l'in-
terprétation des décrets de l'Assemblée. C'est ainsi
qu'une des causes de la lenteur de l'instruction des
troubles de septembre 1791 fut l'indécision où ils se
trouvaient sur l'application d'un décret d'amnistie du
15 septembre de la même année. Des désordres avaient
eu lieu à Corbeil et à Etampes les 9 et 10 ; ils s'étaient
renouvelés le 16 à Etampes avec une gravité jusque-là
sans exemple ; c'était le lendemain du décret, mais il
n'était pas encore promulgué ; les auteurs étaient les
mêmes dans les deux séditions : devaient-ils être pour-

(1) Archives de Seine-et-Oise, lettre de Rouveau, du 4 avril ;
lettre de Boutroue, du 15 avril.

suivis pour les faits du 16 sans être inquiétés à raison de ceux du 10? Pendant tout l'hiver, l'affaire en était restée là, et elle aurait été complétement assoupie sans les nouveaux actes du mois de mars qui la firent revivre. Comptant sur l'impunité, la faiblesse de l'autorité, les hésitations de la justice, les individus contre lesquels étaient décernés des mandats d'amener ou d'arrêt, n'avaient garde d'y obtempérer, assurés de la complicité des paysans pour échapper et résister au besoin aux gendarmes envoyés pour les arrêter. Un individu des environs de Luzarches, recevant un mandat d'amener, répondait : « Je n'obéirai pas au mandat, il est signé d'un juge de paix, il est vrai, mais tous ceux qui sont en place sont des fripons qui nous trompent (1). » Il fallait quelquefois des forces considérables pour procéder aux arrestations et opérer de nuit afin de surprendre les inculpés. Un détachement de cavalerie, des gardes nationaux de Paris et la brigade de gendarmerie envoyés à Chamarande pour une mission de cette nature, furent reçus par les habitants à coups de fusil. On avait surpris au lit, dans une maison où il se cachait, Henry, accusé du meurtre de Simonneau, et l'un de ceux qui s'étaient le plus fait remarquer dans les marchés des environs. Il fit une résistance qui permit aux voisins d'accourir ; c'était la nuit; le désordre se mit dans la troupe égarée, et, ne distinguant plus les amis des ennemis, les volontaires se retirèrent ; les gendarmes abandonnés laissèrent échapper leur prisonnier, et ils auraient été eux-mêmes massacrés si la troupe n'était pas revenue les dégager. Un autre assassin de Simonneau, peut-être le même, s'était réfugié aux environs de Meudon, sans prendre

---

(1) Archives de Seine-et-Oise, dossier Gonnesse.

trop grand soin de dissimuler ce qu'il avait fait. Il dit en
confidence à une cabaretière que « c'était lui qui avait
porté le premier coup à Simonneau, qu'il lui en voulait
parce qu'il l'avait fait mettre en prison et fait payer dix
écus d'amende pour avoir fait du bruit sur le marché
quelque temps avant sa mort. » Le propos fut répété.
Cependant il ne paraît pas qu'il ait été inquiété alors (1).

Enfin, le 27 avril, l'instruction préparatoire relative
aux troubles d'Etampes du mois de septembre précédent
et au meurtre de Simonneau du 3 mars fut terminée,
et seize individus, arrêtés à Etampes, Etréchy, Auvers
et Bouray, furent renvoyés devant le jury d'accusation.
Un assez grand nombre d'individus avaient également
été appréhendés dans plusieurs communes, à raison des
troubles du département, et ces arrestations qui portaient sur beaucoup de citoyens coupables seulement
d'actes de mutinerie et qui ne s'étaient trouvés mêlés aux
excès commis que par entraînement, tandis que les meneurs paraissaient avoir échappé aux recherches, entretenaient une certaine effervescence dans les campagnes. Les journaux jacobins, qui naguère avaient flétri
les meurtres de Thibault et du maire d'Etampes, et dans
les premiers jours proclamé celui-ci le martyr du devoir et de la loi, trouvant une occasion d'attaquer le
gouvernement, s'empressèrent de dénoncer la rigueur
employée contre des citoyens égarés, mais non coupables; au contraire, Simonneau se trouva bientôt accusé, d'abord d'imprudence, puis d'avoir déployé *contre
ses concitoyens l'étendard de la mort;* nous avons vu
comment la fête de la loi provoqua ce revirement d'o-
pinion de la part des *Amis de la Constitution.* Une fois

(1) Archives de Seine-et-Oise, *loc. cit.*

les esprits engagés dans cette voie, la réaction se produisit avec une violence croissante. Des adresses des citoyens, des municipalités même aux autorités administratives et à l'Assemblée, demandèrent la mise en liberté des prévenus « égarés par des suggestions perfides et trop punis déjà par plusieurs mois de détention (1). » Des tentatives de toute sorte furent faites pour intéresser la veuve de Simonneau elle-même à leur sort; des lettres anonymes ou signées de noms inconnus menaçaient sa vie et celle de sa famille, et la rendaient solidaire des plus grands malheurs si elle n'intercédait pas en faveur des accusés et si elle n'obtenait pas leur liberté (2).

(1) *Moniteur* du 3 mai.
(2) Voici l'une de ces lettres, signée Bellangez ou Bellanger, adressée trois jours avant le jugement qui statua sur le sort des accusés, telle qu'elle est reproduite dans le procès-verbal dressé chez Mᵐᵉ Simonneau par le capitaine de gendarmerie Redy :

« Paris, 25 juillet.

« Il est de votre honneur et même de votre vie, ainsi que de celle de votre famille, de faire sortir de prison de Versailles tous les individus que l'affaire de votre mari y a jetée. Je vous avertis qu'on doit tenter une révolution dans votre canton aussitôt que les troupes soldé seront sur le frontier pour vous envelope dans sa ruine, ainsi que les juges quis les auront jugé. Voilà où vous être exposé. Vous l'être encore du cotté des amis et des parent de cest malheureux. Je n'aurais pas voulu être témoint dans cet afaire. Ils sont exposé autant que vous ; si votre marie ne se soit pas rendu coupable dans l'acaparement des blé, il ne vous aurait pas jetté dans un péril que vous ne pouvé échappé. Et il en serait à vos cotté sans son ambition et sont mépris pour les pauvre, et ces voisin ne seroit pas exposé à une révolution terrible qui arrivera avant peu causé par cet malheureuse affaire. Songe a l'instant à ce que vous avez taffaire il est tems. Dans telle endroit du roicaume que vous puisiez vous retirere vous succomberé : il suffit que cet affaire regarde le pain pour que le peuple ce vange de tous les cotté du roicaume que vous ferez. Partout ou vous iré vous seré dégouverte. Je vous le jure et croyez pour votre vie que je vous donne un avis salutaire. C'est un de vos amis qui vous écrit cet avis : tout Paris toutes les campagnes sont contre votre marie ou pour mieux dire contre vous et votre famille. »

Mᵐᵉ Simonneau, dans ces circonstances, montra beaucoup de

La violence des journaux atteignit les dernières limites; toutes ces manœuvres ne furent pas sans produire une impression sur les jurés et sur les juges (1). Un grand nombre d'élargissements furent ordonnés en conséquence des verdicts du jury d'accusation; et, en effet, on avait dû, comme il arrive toujours, mettre la main sur nombre d'individus dont le seul crime était de s'être trouvés mêlés par étourderie ou même comme curieux aux désordres. Cependant les principaux coupables furent maintenus en prison, et plusieurs condamnations furent prononcées. Le 28 juillet, le tribunal criminel de Seine-et-Oise rendit son jugement dans la plus grave des

fermeté et de dignité; se renfermant dans son deuil au lieu d'en faire étalage, elle voulut rester étrangère à ce qui se passait autour d'elle. Après la condamnation des accusés, on fit courir le bruit qu'elle avait été à la barre de la commune de Paris solliciter la grâce des assassins de son mari. Elle répondit par la lettre suivante, adressée au Président de l'Assemblée législative :

« Monsieur le Président,

« On a répandu dans des journaux que j'avais été à Paris, à la barre de la Commune de Paris, solliciter la grâce des assassins de mon malheureux époux. Si j'avais cru pouvoir hasarder une démarche aussi contraire à mes devoirs et au principe de l'ordre social, je l'aurais fait directement auprès de l'Assemblée nationale; les auteurs des menaces par lesquelles on a voulu m'y contraindre avaient eu soin de m'en prévenir.

« J'ai lieu de craindre qu'on ait employé mon nom dans cette occasion et qu'une supposition de personne n'ait pas été négligée pour tromper la générosité de la Commune de Paris; je déclare que je n'ai pas été à Paris depuis longtemps, et, dans le cas où l'Assemblée nationale se persuaderait que l'impunité d'un grand crime peut concourir au maintien de l'ordre et à la sécurité des magistrats du peuple, au moins l'ombre de mon époux ne me reprochera pas la faiblesse d'avoir arrêté une procédure que je n'avais pas sollicitée et que l'Assemblée nationale seule avait ordonnée.

« Je suis avec un profond respect, etc.

« Signé : Vᵉ SIMONNEAU.

«Étampes, 21 août 1792. »

(1) Le 6 avril, le Directoire du département se plaint au ministère de l'Intérieur de la difficulté qu'il a à renouveler le tribunal criminel; tous les membres nommés envoient des lettres d'excuses.

affaires dont il avait eu à s'occuper, celle d'Etampes. Il vise la déclaration du jury de jugement qui reconnaissait comme constant :

Que le 2 mars il y avait eu à Chamarande des assemblées où l'on s'était occupé de former des rassemblements de différentes paroisses pour aller au marché d'Etampes, afin d'y faire baisser le prix des grains ; qu'un sieur J.-B. Legendre était convaincu d'avoir fait écrire une lettre anonyme au nom de cette commune et portée à Lardy pour y exciter un ameutement ;

Que la municipalité d'Etampes et la gendarmerie ont été outragées ; que le maire a prononcé la formule d'obéissance à la loi ; que des individus y ont opposé une résistance armée ; qu'au marché Saint-Gilles plusieurs individus ont outragé le maire ; qu'il a été tenu des discours pour provoquer à commettre un meurtre sur sa personne, et que ce meurtre a en effet été commis par Gabriel Baudet et René Girard.

En conséquence, ces deux derniers furent condamnés à la peine de mort, et il fut ordonné que l'exécution aurait lieu sur la place Saint-Gilles ; plusieurs autres individus furent condamnés à la prison.

Ces condamnations ne devaient pas recevoir d'exécution. C'est qu'en effet une nouvelle révolution s'accomplissait alors dans l'Etat. Les Jacobins, qui n'avaient pas réussi à arracher les accusés à la justice, firent de nouveaux efforts pour empêcher l'exécution de la sentence qui les avait frappés. Sans aucun doute les chefs du parti se souciaient au fond aussi peu des accusés d'Etampes qu'ils l'avaient fait des Suisses de Nancy, oubliés le lendemain de leur triomphe ; ce qu'il leur fallait c'était des moyens de passionner l'opinion populaire et d'agir sur elle. La Constitution de 1791 périssait sous leurs coups multipliés ; la journée du 10 août compléta la victoire de la démocratie plébéienne en renversant la royauté et la bourgeoisie. Ces grandes scènes sont présentes à tous les souvenirs ; nous n'avons à en examiner les conséquences qu'en ce qu'elles s'appliquent aux événements que nous racontons.

Le 3 septembre, l'Assemblée rendit la loi suivante :

« Considérant que l'humanité sollicite en faveur des citoyens malheureux qu'une augmentation progressive a déterminés à s'opposer à la libre circulation et vente de grains,

« Décrète : Tous procès criminels et jugements contre les citoyens, depuis le 14 juillet 1789, sous prétexte de violation des lois relatives à la libre circulation ou vente de grains, demeurent éteints et abolis.

« Sont exceptés de l'extinction et de l'abolition les procès et jugements contre les personnes qui ont donné ou reçu de l'argent pour s'opposer à la libre circulation et vente des grains. »

Par application de cette loi, le tribunal criminel de Versailles rendit, le 6 septembre, un jugement ordonnant l'élargissement de tous les individus ayant subi des condamnations à raison des troubles et des émeutes d'Epernon, d'Angerville, d'Essonnes, de Rochefort, de Montlhéry et d'Etampes ; les meurtriers de Simonneau et de Thibault y furent compris. Les deux condamnés d'Etampes avaient, dès le 29 août, formé un pourvoi en cassation contre le jugement qui les condamnait ; sans attendre l'issue du pourvoi ils furent mis en liberté le 8 ou le 9 septembre, et il se produisit ce résultat, qui serait inexplicable à toute autre époque que cette époque de troubles, que leur pourvoi fut rejeté par arrêt du 5 janvier 1793. La Cour de cassation n'avait, du reste,

pu statuer que sur un vice de forme, mais son arrêt
n'impliquait pas l'exécution du jugement qui les avait
frappés, puisqu'un autre jugement postérieur au pourvoi leur avait appliqué le bénéfice de la loi du 3 septembre (1).

V

J'ai exposé tous les faits tels qu'ils résultent des documents qui m'ont paru réunir au plus haut degré les caractères de la certitude ; ne m'étant pas proposé de les
juger, il semble que ma tâche soit achevée. Il est en effet
difficile de porter un jugement avec l'impartialité qu'exige
l'histoire, sur l'épisode que je viens de raconter, les
questions politiques, économiques et sociales qu'il ren-
ferme, sont plus que jamais du domaine de la polémique
journalière ; ce sont des problèmes dont la solution est
l'objet de la préoccupation générale. Toutefois, si je ne
puis songer à formuler un jugement qui devrait se res-
sentir de mes sympathies et de mes croyances person-
nelles, mon rôle d'historien m'impose le devoir de
mettre le lecteur à même de former son appréciation en
ne négligeant de lui fournir aucun des éléments qui y
sont nécessaires ou seulement utiles. Après avoir exposé

(1) M. Ternaux, qui a fait des recherches très étendues sur cet
épisode, n'a pas connu le jugement du 5 septembre qui élargit les
condamnés, aussi a-t-il vu une série de faits monstrueux là où il
n'y avait que l'exécution d'une loi. Le seul point controversable
était de savoir si les condamnés d'Etampes rentreraient dans le cas
de la loi du 3 septembre. Mais, le jugement qui leur en appli-
quait le bénéfice n'ayant été frappé d'aucun recours, les individus en question durent jouir régulièrement de l'abolition de
leur condamnation (V. *Histoire de la Terreur*, t. Ier, note VII).

le fait, il me reste à exposer le point de droit, comme l'on dit au palais; le lecteur jugera ensuite. Pour cela faire, je dois lui placer sous les yeux les appréciations des contemporains eux-mêmes, formulées dans les documents officiels ou privés et dans les journaux; j'essaierai ensuite de mettre en lumière les principes généraux d'après lesquels doit être jugé tout fait humain.

L'Assemblée nationale ne commença à s'inquiéter sérieusement des troubles de Seine-et-Oise qu'après l'affaire d'Etampes. Le préjugé que des brigands parcourant les campagnes en étaient les auteurs, paraît avoir dominé généralement les esprits : préjugé ou, dans tous les cas, préoccupation funeste qui devait conduire à la loi des suspects, à celles contre les prêtres réfractaires et les émigrés; le 6 mars, Thuriot, membre du parti avancé, disait que les auteurs des troubles étaient des brigands portant la cocarde blanche et noire; qu'il fallait faire sanctionner la loi des passeports. « Il y a une grande conjuration décidée; tout homme qui ne s'en aperçoit pas est de mauvaise foi ou d'une ignorance profonde. Il est démontré qu'on a calculé qu'en enlevant les grains on réduirait la France à l'extrémité; qu'en emportant l'or du royaume on empêcherait d'acheter du blé à l'étranger... Nous sommes trahis par tout le monde. » Nous verrons plus loin le rapporteur de la commission des *douze* exprimer les mêmes sentiments.

Le ministre de l'intérieur, Cahier de Gerville, avait peut-être une vue moins fausse de ces faits; selon lui on avait tort de supposer que les attroupements se composaient de brigands et de vagabonds venus de toutes les parties de la France; c'étaient au contraire les habitants des municipalités eux-mêmes qui causaient ces désordres. Cette opinion vraie en ce sens qu'en effet les habi-

tants du pays formaient la majeure partie de ces attroupements, semble infirmée dans une certaine mesure par
tous les rapports qui s'accordent à dénoncer des excita-
teurs *inconnus* ou *étrangers;* lui-même dans une communication à l'Assemblée, le 11 mars, relative aux troubles de Seine-et-Marne, disait qu'on avait remarqué
sous le déguisement de *sans-culottes*, des hommes qui
portaient du linge fin et qui, par leur langage, paraissaient avoir reçu de l'éducation. Aussi l'idée d'une vaste
conspiration prévalut-elle, au moins pendant les premiers
temps, au sein de l'Assemblée. Dans le rapport qu'il lui
fit au nom du Comité d'instruction, le 17 mars (1), J. Debry parle de hordes d'hommes inconnus qui parcouraient les campagnes ; quelques jours après il était plus
explicite : « Je viens, dit-il, à la séance du 30 mars (2),
vous entretenir en peu de mots des principales causes
des troubles du royaume, et des moyens d'y remédier ;
ces causes sont l'inertie de la puissance exécutrice, les
complots des chefs de partis, et les prétextes dont se servent les malveillants pour exciter des mouvements populaires. A ces différentes causes se joignent celles dont
dix siècles de malheurs et soixante ans de philoso-
phie devaient bien ⁚   réserver, le fanatisme. Des
imposteurs, prêchez la guerre au nom d'un Dieu de
paix, osent mettre ⁚ns⁚ même balance, des supersti-
tions, des mysticie⁚ ⁚ les bienfaits de la Révolution...
Les troubles de l'intérieur proviennent en partie du défaut de lois sur la circulation des subsistances et du
Code pénal. Si la loi est imparfaite et que son imperfec-
tion se manifestât, c'est un avis donné au législateur
pour la perfectionner ; il semble par exemple qu'il n'y

(1) *Moniteur* du 19 mars.
(2) *Moniteur* du 1er avril.

ait ou on France ni magistrats, ni tribunaux, etc...» Il
revient encore sur cette idée le 22 avril.

Enfin, le rapporteur du Comité des *douze*, François
de Nantes, était pénétré de la même conviction, c'est ce
qui ressort du rapport emphatique et déclamatoire, et
en résumé très peu concluant, qu'il vint lire à la séance
du 26 avril : « ... Nous avons entendu une poignée d'es-
claves décorés crier à la noblesse, d'autres armés de
poignards criant à la monarchie, d'autres couverts d'ha-
bits lugubres criant à la religion, et quelques-uns criant
à la République, mais au milieu de tous ces cris
nous avons entendu une voix toute puissante qui les
couvrait toutes : c'était celle de la nation. Elle disait:
Périssent toutes les factions, nous voulons la constitution
et la loi !... Cette discussion sur les troubles tient à tout;
ils ont leur racine dans l'ancien régime, dans le nouveau
et dans la Révolution qui a servi de passage de l'un à
l'autre; ces racines ne sont pas sur la surface; il faut
creuser les entrailles de la terre pour les trouver. »

Entrant dans les détails, il signale la misère des peuples datant du despotisme ancien ; la grande inégalité
des richesses, l'effervescence née de la Révolution, la du-
plicité du gouvernement qui paralysait dans l'exécution
toutes les mesures ordonnées par l'Assemblée; le pouvoir exécutif dévoué à l'ancien régime, l'insubordination
d'un grand nombre de municipalités envers les administrations supérieures ; les intrigues d'un clergé dissident ;
le manque de travail qui laisse sans ressources une population nombreuse; l'exagération d'un parti qui semait
l'anarchie pour pousser à la République; enfin, l'insuffisance de la justice. « Il est évident ajoutait-il, pour tout
homme qui sait ou qui veut voir, que le péril de la chose
publique est dans l'anarchie et qu'il n'est que là ; que

c'est là où tous nos ennemis nous travaillent; que c'est là où se réunissent tous les efforts des aristocrates, des brigands, des exagérés, les uns par le regret de leur pouvoir, les autres par le désir du pillage; les autres enfin par cet entraînement qui les pousse toujours en avant, et qui les rend incapables de savoir s'arrêter jamais. »

Du reste il décrit avec justesse la physionomie générale des mouvements; le tableau suivant est le résumé aussi concis qu'exact des faits que nous avons passés en revue.

« Voici comment les attroupements se forment dans les campagnes, et il faut les suivre dans leurs différentes crises pour appliquer le remède propre à chacune d'elles. Des brigands arrivent dans un village et ils se prétendent patriotes; ils vont au cabaret et ils disent aux paysans : « Ces grains que vous voyez passer, on va les porter à l'étranger, il faut les arrêter et vous en emparer; ces domaines de vos émigrés, leurs revenus servent à payer vos plus cruels ennemis; emparez-vous de tout ce que vous pourrez en prendre et brûlez ce que vous ne pourrez emporter; les droits féodaux que vous avez payés sont tous abolis par les décrets; les seigneurs qui les ont reçus sont des traîtres, et les fermiers qui les ont perçus sont des coquins; forcez les à restituer; tous ces gens riches sont des accapareurs de grains; si vos magistrats ne veulent pas faire justice, agissez et faites-la vous-mêmes. » Ils lisent aux paysans de faux décrets; en même temps les prêtres dissidents soufflent le feu, et quand le peuple est échauffé, on se rend à l'église, on sonne le tocsin, on prend les armes, on force les municipalités à se mettre à la tête des attroupements, on arrête les grains et on se les partage;

on se rend chez les fermiers des ci-devant seigneurs, on les force à restituer; on dévaste les châteaux, on s'en approprie les meubles et les dépouilles, on fait irruption dans les magasins, on taxe toutes les marchandises; les municipalités sont là, les juges de paix sont là, ils somment les gardes nationales villageoises d'obéir; prévenues ou trompées par de fausses suggestions, elles refusent le service. Lorsque le juge de paix ou le juré d'accusation veut juger ces crimes, les mêmes mouvements qui ont produit l'émeute les entourent encore; on les menace dans leurs personnes, et c'est ainsi que le crime reste impuni et marche la tête haute » (1).

Cette description si claire n'apprenait en somme rien de nouveau, et tout ce long discours, au lieu de s'attacher à étudier les causes du mal et à rechercher les moyens de le combattre, ne fait que ressasser tous les préjugés, toutes les opinions, toutes les idées passionnées, exagérées et souvent fausses qui avaient cours, sans conclure à rien de positif: c'est l'amplification d'un rhéteur, plutôt que le rapport d'un administrateur.

Le Directoire départemental avait des idées plus pratiques, tout en partageant les mêmes sentiments (2); il les puisait dans la conviction que la disette n'était que factice et qu'elle était due à des causes multiples étrangères à l'insuffisance de la récolte. Deux négociants de Hambourg lui ayant écrit pour lui offrir des blés autant qu'il en faudrait pour suffire aux besoins du département, le 19 décembre 1791, à une époque où des troubles sérieux appelaient depuis deux mois l'attention sur

(1) *Moniteur* du 28 avril.
(2) « Dans toutes les pièces que j'ai examinées, dit encore François de Nantes, les seuls directoires m'ont paru les seuls conservateurs des principes constitutionnels, les seuls fils par lesquels j'ai vu l'espoir de ramener partout l'ordre. »

cette question, il avait répondu que la position du département le mettait à l'abri de la nécessité de recourir
aux acquisitions de blés étrangers (1). Un mois après,
une commune, celle de Vernouillet, près Poissy, émet
la proposition que les municipalités des communes où se
trouvent des marchés fussent tenues de veiller à leur
approvisionnement, de noter les cultivateurs qui n'y ap-
porteraient pas leurs denrées, de prendre des mesures
pour empêcher cette abstention et d'en rendre compte à
l'administration départementale. Le Directoire déclara
qu'il n'y avait pas lieu quant à présent. Une pareille
mesure eût en effet été contraire à la liberté du commerce ; mais il paraît certain que le défaut d'approvisionnement des marchés ne tarda pas à devenir la cause
directe de l'agitation. Au début de la crise, les cultivateurs apportaient leurs denrées en plus grande quantité ;
mais les départements situés au-delà de la Loire étaient
moins favorisés ; la récolte y avait été réellement insuffisante et ils tiraient beaucoup de grains de la Beauce, de
la Brie et du Vexin, et les passages fréquents des blés
se rendant à Orléans ou descendant la Seine à destination des départements du centre et de l'ouest avaient
ému les ouvriers; les partis avaient exploité la situation ;
l'agitation des marchés avait rendu les fermiers plus ré-
servés, en même temps que les offres qui leur étaient
faites par les pays qui souffraient de la disette les faisaient maintenir leurs prix à un taux qui pouvait paraître
exagéré dans un pays où l'on trouvait que la récolte
avait dû produire assez pour ses besoins. L'effet de l'agitation sur l'approvisionnement était inévitable, et le Di-

(1) Cependant, à la fin de mars, on était obligé de faire venir
des blés étrangers, et les arrivages étaient annoncés dans les
marchés. (Archives de Seine-et-Oise, *loc. cit.*)

rectoire, qui l'appréciait, essayait vainement de le faire comprendre au peuple : « Considérant, dit-il, dans un arrêté du 2 mars, que ces attroupements multipliés peuvent produire la disette au milieu même de l'abondance ; que déjà les fermiers intimidés refusent de porter leurs grains au marché, parce qu'ils n'y sont pas en sûreté, et qu'enfin de semblables entreprises sont un attentat à la loi de la circulation des grains, à la propriété des cultivateurs, à l'ordre et à la tranquillité publique, etc... » A leur tour les cultivateurs, se sentant appuyés, maintenaient des prétentions peut-être excessives et préféraient vendre en dehors des marchés ; on tournait ainsi dans un cercle vicieux, et toutes les passions, tous les mauvais instincts se donnaient libre carrière. Le Directoire le constatait avec amertume dans un rapport lu en son nom par Lebrun à l'Assemblée le 23 mars : « Ce n'est pas la force seule qui peut triompher du mal ; l'intrigue s'agite de tous côtés ; ces mouvements combinés, cette correspondance d'insurrections décèle partout sa présence et ses calculs ; mais le peuple qu'elle tourmente et qu'elle égare, le peuple aussi a ses craintes réelles et raisonnées ; il se souvient de 1789, et il redoute le retour de ce même fléau. Cette liberté de circulation que la justice et l'intérêt commun nous commandent de protéger lui est toujours suspecte, parce qu'il voit les grains sortir de son territoire et ne voit pas le terme où ils vont se rendre. Il calcule vaguement que dans l'absence du numéraire réel on peut acheter très cher ici et gagner encore en vendant à plus bas prix, mais en argent, à l'étranger. Les spéculations, les accaparements d'autrefois lui font voir partout des spéculations et des accaparements. En vain on lui répète que les subsistances abondent, il ne croit à l'abondance que quand elle est dans une sorte de

stagnation et toujours présente à ses yeux ; et la chance
incertaine d'une disette dans quelques mois est déjà pour
son imagination une disette actuelle ; il accapare à son
tour pour ses besoins à venir ; et au milieu de ces citoyens
trompés par leurs craintes se trouvent des hommes coupables qui achètent pour revendre, et pour revendre à
des boulangers qui sont désormais exclus des marchés
par la force. » Malheureusement ce rapport, comme
celui de François de Nantes, trahissait dans ses conclusions l'inexpérience et l'insuffisance de l'administration.
« Il faut, disait-il, par des sacrifices et en multipliant les
moyens de travail, multiplier les moyens de vivre. Quand
vous aurez guéri ce mal que le peuple sent tous les jours,
alors il ne restera plus que celui que voulait faire le mé-
contentement et l'intrigue ; contre celui-là vous pourrez
déployer la force et la déployer sans crainte, mais il faut
qu'elle soit une vraie force et appuyée de tous les moyens
et de toutes les formes qui la rendent redoutable (1). »
Ne serait-ce pas à peu près dire à un malade : « Il faut
vous guérir, et quand vous vous porterez mieux, vous
aurez facilement raison de la maladie ! »

Rouveau, qui avait parcouru les parties les plus agitées
du département et vu de près les faits, constate, tant
dans ses rapports que dans sa correspondance, que les
fermiers préféraient vendre leurs blés en dehors des
marchés. « Il n'est pas étonnant, écrit-il le 24 mars, au
sujet des troubles de Rambouillet, que les cultivateurs
n'aient pas apporté de grains comme à l'ordinaire ; d'ailleurs il paraît notoire qu'ils en font venir dans les greniers et les vendent à l'auberge ; on a vérifié qu'il en
était venu plus de quatre cents sacs dans la semaine. Il

(1) Règlement du Direct., Archives de Seine-et-Oise.

faut l'avouer, les cultivateurs, par une spéculation hors
de saison, irritent le peuple qui, dépourvu d'ouvrage et
excité sous main, croit que tout est permis pour se procurer de la subsistance (1). » Le mal en était arrivé à ce
point que le 24 février, sur le marché de Palaiseau, il
n'y avait que huit sacs de grains, moitié méteil et le reste
en criblures, et ainsi partout (2).

Ces spéculations étaient dénoncées à l'Assemblée nationale par Jean Debry, le 12 mars : « Des gens malin-
tentionnés se transportent dans les campagnes, et au
moyen d'arrhes modiques retiennent en stagnation, pendant six ou huit mois, des grains qu'ils finissent par ne
point acheter; pour remédier à cet inconvénient, il n'y
a pas d'autre remède que de décréter que tous achats de
blé commencés par délivrance d'arrhes seront effectués
dans la quinzaine, et que passé ce temps ils seront an-
nulés, et le laboureur autorisé à se pourvoir en indemnité. » —Thuriot : « Il y a des gens qui vont dans les campagnes acheter des grains non-seulement au prix qu'on
leur demande, mais à quelque prix que ce soit... »

L'accaparement qui paraissait renaître sous une forme
nouvelle, l'accaparement dont les lugubres conséquences
étaient gravées en traits ineffaçables dans la mémoire de
plus d'un citoyen, et dont l'imagination de tous était
frappée, voilà donc le ressort qui mettait en mouvement
le peuple des campagnes. A leur tour les cultivateurs,
effrayés de la tournure fâcheuse que prenaient les choses,
bien que la plupart fussent restés étrangers aux spéculations coupables qui viennent d'être signalées, dissimu-
laient leurs grains et désertaient les marchés, préférant
les transactions particulières. Ainsi devait se produire

(1) Registres du Directoire, Archives de Seine-et-Oise.
(2) Ibid., *passim*.

une hausse d'autant plus durable que les effets mêmes en aggravaient les causes. Si effectivement cet état de choses était le résultat d'un plan concerté, il faut reconnaître que la manœuvre était infaillible.

En effet, il est permis de concevoir à cet égard les soupçons les plus sérieux, fondés sur la manière dont l'agitation se produisait. Elle avait pour siége les campagnes, et les paysans en étaient les acteurs. Que les ouvriers des villes, dépourvus de notions sur la production des céréales, aient pu par la cherté du pain être amenés à concevoir des craintes sur les subsistances, rien de plus naturel ; mais ne doit-on pas s'étonner que ce fussent les agents mêmes de la production qui se soient échauffés à l'idée de la disette, au point d'entreprendre une sorte de jacquerie ?

La propriété foncière, sans être aussi morcelée qu'aujourd'hui, était déjà très divisée, et des quantités de domaines ecclésiastiques ou d'émigrés venaient d'être livrés à la petite culture (1).

« En consultant les documents qui mettent sur la voie de l'ancienne division du territoire, dit M. Wolowski (2), on constate avec surprise, dans un grand nombre de localités, que le chiffre des propriétaires ne s'éloignait pas

---

(1) Il est vrai de dire que les spéculateurs ayant consacré tous leurs capitaux à ces acquisitions avantageuses, n'en avaient plus conservé pour les mettre en rapport, ou craignaient de le faire à cause de l'incertitude qui pesait encore sur la validité de ces aliénations; mais pour ce qui nous occupe, cette considération avait peu d'importance, car les domaines ainsi vendus pourvoyaient autrefois à la subsistance de leurs propriétaires et des nombreux serviteurs et ouvriers qu'ils employaient, et produisaient encore un excédant pour la consommation générale ; le laboureur, le petit cultivateur vivant sur le fonds qu'il exploitait seul avec sa famille, n'attendait rien de la production de ces domaines, dont au contraire il était le plus souvent tributaire pour des prestations en nature.

(2) De la division du sol, *Revue des Deux-Mondes*, 1er août 1857, p. 643.

beaucoup du chiffre actuel. Les causes premières qui produisaient cet état de choses n'ont pas changé. » « Les terres se vendent toujours au-delà de leur valeur, dit un écrivain du temps, excellent observateur ; ce qui tient à la passion qu'ont les habitants pour devenir propriétaires. Toutes les épargnes des basses classes qui ailleurs sont placées sur des particuliers et dans des fonds publics, sont destinées en France à l'achat des terres. » Ce qui a surtout frappé Arthur Young dans le cours de son voyage en France, c'est la grande division du sol parmi les paysans. Il affirme que plus du tiers du sol leur appartient. De cet état de la petite propriété, il semblerait résulter que la disette ne devait pas se faire aussi vivement sentir dans les campagnes, surtout dans la classe des petits laboureurs, que dans les villes. Les petits producteurs, sans avoir d'excédant dans les années de disette, trouvaient au moins leur subsistance sur leur propre fonds, il serait donc permis de s'étonner que les troubles qui nous occupent aient eu pour auteurs principaux des paysans, tandis que les ouvriers des villes restaient généralement tranquilles. Mais à côté des petits propriétaires ruraux, il y avait une quantité assez notable d'ouvriers de la campagne, artisans, gens de journée, charretiers de labour et autres, dont le plus grand nombre trouvaient de l'occupation sur les domaines des seigneurs, ecclésiastiques et laïques ; c'est eux qu'atteignait le désapprovisionnement des marchés, et qui étaient les plus fondés à s'en plaindre. La circulaire de Palaiseau nous fait connaître le véritable état des choses. Cependant elle est insuffisante à tout expliquer, et dans bien des circonstances on reconnaît d'autres influences. Ainsi, le 8 mars, à Saint-Rémy-lès-Chevreuse, vingt individus ayant à leur tête deux domestiques jardiniers d'un sieur Bauvilliers, restaurateur au Palais-Royal, acquéreur du domaine de Saint-Paul-des-Aulnes, s'arment de fusils pour aller faire des perquisitions chez les fermiers. Le Directoire de Versailles remarque à ce sujet « qu'il ne peut y avoir que des suggestions coupables, dont il serait essentiel de découvrir les auteurs, ou le désir du pillage qui aient pu porter à devenir instigateurs de pareils désordres des hommes qui, *nourris du pain de celui qu'ils servent, ne peuvent avoir la veille des inquiétudes légitimes sur leur subsistance du lendemain* (1). »

Le 8 mars, à Limours, c'était un chaudronnier de Fontenay, qui taxait le blé, en déclarant qu'il entendait que sa taxe fût observée à l'avenir, parce qu'il n'avait pas le temps de revenir à chaque marché. A la même époque, la municipalité de Saint-Germain-en-Laye annonçait au Directoire que pendant que les gens des communes voisines menaçaient le marché, des brigands attendaient dans la forêt le commencement de l'insurrection. La municipalité de Dourdan écrivait aussi que les attroupements paraissent conduits de manière à faire croire qu'ils sont machinés ou soudoyés au moins dans les chefs ou agents. Les archives de Seine-et-Oise renferment nombre de documents du même genre ; parmi les plus curieux sont deux lettres d'un fermier d'Allainville, Boutroux, homme de sens, qui cherche de bonne foi à se rendre compte de ce qui se passe. Selon lui, les premiers troubles dans le pays ont été causés par les ci-devant seigneurs d'Angervilliers, qui disaient à leurs paroissiens qu'on tâchait de les affamer. Un individu de Saint-Arnoult paraissait être du parti des conspirateurs, il le surveillait pour en apprendre davantage. Les

(1) Archives de Seine-et-Oise, *loc. cit.*

paysans disent qu'on envoie des troupes pour leur faire payer le blé cher, mais qu'ils iront chez les fermiers. Ils veulent le blé à composition et regardent comme cupidité les prétentions des cultivateurs ; la cause en est le manque de récolte de l'année précédente ; il recommande sans cesse à ses confrères de ne pas faire attention aux menaces et d'être prudents ; les fariniers qui viennent à Paris et à Versailles n'hésitent pas à acheter cher, mais ils ne vont pas sur les marchés ; c'est un tort, mais les fermiers ne peuvent pas faire autrement, parce que sur les marchés on ne les paie qu'en billets patriotiques dont beaucoup sont faux et dont ils ne peuvent eux-mêmes que difficilement se servir pour faire leurs paiements, tandis que les fariniers paient en assignats.

Qu'il y ait eu des excitations, cela est hors de doute, mais d'où venaient-elles ? C'est un problème dont la solution est difficile, chacun des partis, nous l'avons vu, en rejetant sur l'autre la responsabilité (1). Si l'on ap-

(1) Voici deux lettres dont les originaux sont aux Archives de l'Hôtel-de-Ville de Paris ; elles sont adressées au maire Bailly et signées du nom de Lavallery, officier municipal d'Etampes ; elles sont évidemment fausses, mais elles font connaître les manœuvres employées par les agents de discorde.

1re LETTRE. — « Ayant reçu votre instruction, je me suis transporté hier 10, dans la nuit, à Etampes ; tout a réussi selon nos désirs ; le marché au blé a été bousculé ; les sans-culottes que j'avais fait venir depuis trois semaines ont forcé les fermiers à donner leur blé à dix sous meilleur marché qu'il ne vaut ; il y en a eu de pillés, et le tout a été dans la plus grande confusion. Nous espérons que samedi prochain il n'y aura pas de blé au marché. On a reçu vos deux lettres ; vous n'aurez point de farine à moins que vous n'envoyez cinq cents hommes en garnison. Je m'en servirai sous main pour culbuter les meuniers et les marchands de blé ; ils sont tous des coquins. Mon petit club, dont je suis le maître, me sert au-delà de ce que je puis souhaiter ; je n'y ai admis que des meuniers, des marchands de blé et quelques sots de la municipalité ; nous ferons de la ville ce que nous voudrons. Quatre pauvres bêtes d'officiers municipaux vont vous écrire, ne croyez pas un mot de ce qu'ils vous mentionneront, ils n'ont pas le sens commun, aussi je n'ai pas voulu d'eux à Versailles ; j'y ai été bien trompé ; je voulais, monsieur, être député,

plique la maxime : *Is fecit cui prodest*, on les mettra à la charge des Jacobins ; en effet, leur triomphe au 20 juin et au 10 août ne fut dû qu'au soulèvement des masses

et le tout pour vous servir ; je n'ai pas réussi, dont j'enrage, mais aussi j'ai empêché qu'aucun de mes collègues ne le soit, et aussitôt que je n'aurai rien à craindre, je retournerai dans cette ville pour y mettre tout le désordre possible. Si vous pouviez me faire passer quelques fonds, j'en ai grand besoin, car je suis ruiné et ce n'est qu'à force d'argent que l'on peut soutenir le rôle des coquins.

« Nous allons travailler toute la semaine pour préparer un beau tumulte samedi prochain, nous avons besoin de vos secours pour réussir. J'emploie une main étrangère pour vous écrire et on ne sait pas dans la ville ; je veux que tout le mal arrive sans moi, et pour lors j'arriverai pour avoir l'air de mettre la paix, mais ils seront bien trompés, car je veux les écraser ; toute la municipalité est absente. Je les ai fait électeurs ; j'ai laissé quatre bêtes et c'est bien assez pour une ville qui n'a pas assez d'esprit et de raison pour se conduire.

« J'aurai soin de vous faire part de ce qui se passera samedi ; j'ai ordonné à mon secrétaire de vous le mander, car je ne serai peut-être pas à Etampes, ne voulant pas paraître, laissant à mes quatre imbéciles de camarades tout l'odieux de la besogne ; je crois que c'est agir selon vos vues et remplir vos instructions.

« Je vous préviens que si vous écoutez les criailleries de ces imbéciles et que vous envoyez des troupes, de les bien instruire, afin qu'ils protégent le désordre. Vous pouvez m'adresser le commandant, mais qu'il ne vienne chez moi que la nuit, nous agirons de concert. A samedi grand carillon.

« Je suis, avec tous les sentiments que vous me connaissez, mon cher ami, etc.

Signé : LAVALLERIE,
Commissaire au contrôle et officier
municipal.

L'enveloppe, timbrée d'Etampes, porte :

A Monsieur
Monsieur BAILLY, Maire de la ville de Paris,
A Paris.

2ᵉ LETTRE. — « Notre affaire a réussi, mon cher ami, au-delà de nos désirs, le détachement a été chassé à coups de pierres et de fusil, les officiers municipaux ont été traînés par les cheveux en prison. Les membres du district ont été pendant deux heures entre la vie et la mort, tout a été dans la confusion dans la ville vendredi au soir et toute la nuit. J'étais caché chez la Simonneau, tanneuse, d'où je donnais mes ordres ; ces ouvriers étaient envoyés par moi. Enfin toute la municipalité est en fuite, tout le district est décampé, les coquins sont maîtres de la ville. J'attends tes ordres, mon cher ami, pour finir notre ouvrage ; un seul mot suffit ; nous sommes retirés à Versailles, d'où je fais agir. Nous sommes quatre : Constance, fripier, qui est un insigne

populaires, mais il ne paraît pas la conséquence de l'agitation des campagnes. Le parti des émigrés pouvait en
profiter davantage encore, puisqu'elle préparait une di- λ

coquin (a), les trois frères Gérôme, meuniers et voleurs, et Simonneau, tanneur; ils me sont vendus, et, à mon service, ce
sont des lâches, mais très bons pour les coups de main cachés.

« On me mande qu'il est question d'envoyer des troupes, fais
en sorte, cher ami, qu'ils soient en petit nombre, afin qu'elles
soient encore chassées, car il serait dangereux qu'ils fussent en
force, notre projet serait manqué. Je vais d'ici à mercredi armer
les citoyens les uns contre les autres. Les mêmes qui ont voulu
massacrer vendredi soir sont à mes ordres, et quoiqu'il n'y ait
plus aucun administrateur, il en reste assez pour nous venger. Il
y a un imbécile de Charpentier qui paiera pour tous; je le fais
suivre jour et nuit. Les moulins ne tournent plus, voilà notre
projet qui va bien. Adieu, cher ami, un peu de courage et nous
viendrons à bout de tout; tu peux toujours compter sur moi, je
suis homme à tout faire, pourvu que je sois caché. Garde-moi le
secret et agis, car tu dois savoir, mon tendre ami, que c'est de là
que dépend le succès. Je te ferai part de ce qui arrivera dans la
semaine qui sera sûrement très orageuse, d'autant que le département est d'une bêtise qui me fait rire. Ils ont la plus grande
peur de moi. Adieu, je te baise les mains. Jusqu'à la mort, je
suis tout à toi. »

Signé : LAVALLERY,
Commissaire au contrôle, officier
municipal d'Etampes.

« A Versailles, ce   1791.

« P. S. — Fais-moi donc réponse, car je suis inquiet. »
Sur l'enveloppe timbrée d'Etampes est écrit :

A Monsieur

Monsieur BAILLY, Maire de Paris,
A l'Hôtel de la Mairie,   A Paris.

Inutile d'ajouter que ces lettres, lorsqu'elles furent communiquées par Bailly à la municipalité de Paris, n'y rencontrèrent que
de l'indignation. Cette communication, le caractère de Bailly,
suffiraient pour en établir la fausseté, si ces deux écrits n'en portaient en eux-mêmes la preuve : la signature Lavallerie, qui est
écrite de deux façons, la familiarité cynique du correspondant
supposé, et le fait constaté que le timbre d'Etampes était faux.
Elles furent aussi communiquées à Lavallerie qui était alors en
effet à Versailles, où il s'était rendu pour les élections avec quelques-uns de ses collègues, mais qui ne paraît pas avoir été inquiété. Il revint siéger au conseil municipal, à Etampes, et il
accompagnait Simonneau le 3 mars, lorsqu'il se rendit au marché
Saint-Gilles.

(a) Le jugement est peut-être sévère, mais la conduite postérieure du sujet n'a
pas été de nature à en atténuer la rigueur. C'est ce même Constance Boyard que
ses tracasseries dans les plus mauvais jours de la Révolution firent honnir de tous
ses concitoyens, sous le nom de l'*Argousin*.

version à leurs manœuvres à l'étranger; et ces deux
causes au reste servirent de prétexte à cette concentra-
tion à outrance du pouvoir de l'Etat, qui nous donna le
despotisme du Comité du Salut public et le triumvirat.

Les deux factions, jacobine et royaliste, se renvoyaient
l'une à l'autre l'accusation, et l'opinion que l'une ou
l'autre, si ce n'est toutes deux, l'avaient encourue avec
justice était celle des Constitutionnels, des Feuillants et
des Girondins, les seuls que l'on ne put pas impliquer
dans les troubles, puisqu'ils étaient en opposition avec
leur politique et leurs intérêts.

Pour mieux mettre le lecteur à même de former son
appréciation sur cette question délicate, il faut examiner
sur quels sujets pouvaient agir les fauteurs de ces désordres. La cessation des travaux, la cherté des grains et
des farines avaient augmenté le nombre des vagabonds
et des gens sans profession et sans ressource; comme il
arrive toujours dans les temps de troubles, ils avaient
afflué sur les grands centres; de tous les côtés il en était
venu à Paris et aux environs. « Au moindre bruit, on les
voyait paraître avec empressement pour profiter de
chances toujours favorables à ceux qui ont tout à acqué-
rir, jusqu'au pain du jour (1). » Les partis avaient nécessairement pour complices « cette populace, excitée par
la curiosité des choses nouvelles, comme l'observe l'historien de Catilina, tous ceux qui, n'ayant rien, portent
envie à ceux qui possèdent, qui, mécontents de leur sort,
aspirent à tout renverser et trouvent à vivre sans souci
dans la guerre civile (2). » A ce ferment de discorde, qui
se retrouve toujours et partout, venaient se joindre les
turbulents, pour qui le bruit est une excitation néces-

(1) Thiers, *Révolution*, t. I, p. 40.
(2) Salluste, *Catilina*.

saire, mais désintéressée. Il se rencontre partout, dans les campagnes aussi bien que dans les villes, de ces hommes qui, sans être vicieux. sont ce que l'on appelle des mauvaises têtes; beaucoup de présomption et de vanité, peu ou point de jugement, constituent le fond de leur caractère ; ils éprouvent le besoin de se mettre en évidence, de faire les orateurs; les meneurs les poussent toujours en avant ; ils cèdent alors à l'entraînement, et sans en calculer la portée, arrivent à commettre des actes coupables, que leurs bravades et leurs forfanteries peuvent faire considérer comme prémédités, instruments inconscients des mauvaises passions. Le mouvement fut du reste à peu près universel dans les villages, tous y prirent généralement part, ouvriers, laboureurs, gardes nationaux et officiers municipaux. Cependant il y avait là autant d'éléments d'ordre que de désordre ; les municipaux n'agirent que comme contraints, tous le déclarent ; quant aux gardes nationaux, ils se mêlèrent aux séditieux, se mirent souvent à leur tête, mais en donnant pour excuse que c'était afin d'éviter de plus grands maux.

En demandant la taxe, le peuple des campagnes n'était-il pas d'ailleurs fidèle à tous les errements suivis jusque là ? Pouvait-il du premier coup se faire à ce régime de liberté dont il ressentait de si graves inconvénients suivant lui, sans en apprécier les avantages ? La liberté du commerce, surtout en matière de denrées alimentaires, est celle que le peuple comprend le moins, parce que, lorsqu'elle lui est favorable, il ne s'en rend pas compte et ne songe pas à lui attribuer le bienfait des bas prix dont il profite, tandis qu'au contraire, quand les prix s'élèvent, il est porté à attribuer à la spéculation le renchérissement dont il souffre. Habitué à vivre sous le régime de la réglementation en toutes choses, il était logique quand il demandait à l'administration de déterminer un maximum comme il l'a fait il y a quatre ans, comme il le ferait encore aujourd'hui. Il ne pouvait comprendre que, lorsqu'il avait peine à se nourrir, le laboureur fût libre de vendre son grain au prix qu'il jugeait nécessaire pour obtenir la juste rémunération de son travail et le remboursement de ses avances (1). Le principe que l'Etat peut faire violence à l'intérêt privé pour servir l'intérêt public, c'est-à-dire la doctrine de l'omnipotence de l'Etat sur l'individu, qui est la doctrine fondamentale de la démocratie socialiste, et dont il allait être fait quelques mois plus tard une application rigoureuse, n'était pas neuve en France ; le despotisme monarchique n'en avait pas eu de plus chère. Rien donc que de tout naturel dans les idées que provoquait la cherté des subsistances. Y eut-il autrefois d'intérêt plus pressant pour l'Etat que l'alimentation publique ? « Tibère, seul maître du monde, ne tremblait-il pas à la pensée qu'un jour de retard dans sa flotte d'Alexandrie pouvait renverser l'Empire et mettre Rome en cendres ? Notre ancienne monarchie a-t-elle eu de souci plus cuisant que de songer à ce difficile problème ? N'est-il pas un de ceux qui occupèrent le plus la Convention (2) ? » Turgot avait voulu affranchir l'Etat de cette sollicitude et sa doctrine était encore appliquée. Mais déjà, à l'époque où nous sommes arrivés, la démocratie populaire avait gagné bien du terrain ; quelques mois plus tard elle était triomphante. C'est pourquoi ceux qui, au commencement de 1792, étaient punis comme coupables d'attentats à la liberté et à la propriété individuelle pour avoir exigé à

(1) V. Tocqueville, *l'Ancien régime*, etc., p. 314 et suiv.
(2) E. Laboulaye, *l'Etat et ses limites.*

main armée la taxe des denrées et employé le meurtre et la violence pour l'obtenir, devenaient à la fin de cette même année des martyrs du droit de tous supérieur à celui de chacun qu'ils avaient revendiqué comme supérieur, etc. Toutefois, en les amnistiant, le décret du 3 septembre crut devoir faire une exception contre ceux qui auraient donné ou reçu de l'argent pour s'opposer à la libre circulation ou vente des grains. Cette exception était dirigée contre les royalistes dont l'on voulait reconnaître la main dans toutes les dissensions qui agitaient le pays; ce n'était pas sans quelque raison, car à part l'intérêt général qu'ils croyaient avoir à bouleverser le pays, les réformes de Turgot et celles des Assemblées de la Révolution leur étaient antipathiques.

Aussi bien qu'à tous ceux dont elles ruinaient les monopoles; retirer une pierre de l'édifice de priviléges et d'abus dont se composait l'ancien régime, c'était ébranler tout l'édifice, et ceux qui vivaient de ces abus comprenaient d'instinct la solidarité qui réunissait tous leurs intérêts. Aussi les règlements sur la circulation des grains avaient-ils eu pour adversaire le plus acharné tout le parti royaliste qui ne laissait pas échapper l'occasion de raviver les préjugés populaires et l'épouvante qu'inspirait la menace d'une famine.

Il n'en était pas de même du parti libéral, quelle qu'en fût la nuance; sur le terrain de la liberté on s'entendait assez bien en principe; le désaccord ne commençait que sur les formes et les limites de cette liberté. Le parti avancé s'éloignait chaque jour de plus en plus des libéraux. La libre circulation des grains lui plaisait parce qu'elle était la conséquence de la suppression des barrières et des douanes intérieures; mais quand il s'agissait de la liberté de la vente, ses convictions étaient moins solides; aussi une distinction est-elle nécessaire entre la théorie et la pratique pour bien comprendre la conduite des Jacobins et de la Convention qui appliqua leur système. Les principes les plus libéraux furent toujours proclamés par eux, et la célèbre déclaration des droits ne cessa pas d'être leur Evangile, mais quand il s'agissait de les pratiquer, on trouvait toujours quelque sophisme pour les faire fléchir sous un autre principe, celui que l'intérêt privé devait être sacrifié à l'intérêt général. C'est en flottant incertaine entre ces principes si opposés, que la Convention, tout en promulguant de nombreux décrets qui avaient pour objet de défendre la circulation des grains contre les craintes et les préjugés populaires, en arriva à ses dispositions sévères contre les accapareurs et aux lois de *maximum*.

La conduite que tinrent plus tard les Jacobins à l'occasion des troubles dont il s'agit, fournit contre eux de graves présomptions de participation active aux désordres. Toutefois, on pourrait admettre que, lorsqu'ils cherchaient à faire acquitter les accusés, et lorsqu'ensuite ils les portèrent pour ainsi dire en triomphe, ce fut seulement en haine des royalistes. En présentant les misérables dont ils faisaient leurs clients comme les victimes des suggestions perfides de ce parti, comme des gens égarés par la faim et le malheur, ils cherchaient moins à couvrir des torts qu'ils auraient partagés, qu'à flatter les masses et à s'emparer d'un chef d'accusation victorieux contre des adversaires dont ils considéraient la ruine comme nécessaire au bien de la patrie.

Il ne peut s'agir ici, on le comprend, ni de justifier, ni d'excuser ce qui ne comporte ni justification ni excuse, mais de marquer avec précision le vrai caractère d'un fait historique. Quelque convaincu que l'on soit de l'excellence du résultat que l'on poursuit, on déshonore toujours une cause en employant à la servir des moyens que réprouve la morale. Mais c'est le propre des époques tourmentées de faire surgir de toutes les classes de la société, quelquefois même de ses bas-fonds, des individualités puissantes qui les dominent. C'est le spectacle qu'a donné la France pendant la Révolution. A cette époque, le pays était rempli de gens déclassés, gangrenés par l'énorme corruption du siècle, la plupart souillés de vices de toute nature, qui, dans des temps réguliers, seraient restés confinés aux derniers rangs de la société, mais auxquels une énergie native et des passions fortes permirent de prendre place aux premiers rangs. Tels étaient les Danton, les Marat, les Collot d'Herbois, tel avait été Mirabeau lui-même avec plus d'élévation dans la pensée et les sentiments. D'autres, comme les Robespierre et les Saint-Just, sont des fanatiques qui poursuivent avec ardeur la réalisation d'un idéal qu'ils croient bon, sans s'inquiéter des moyens, sanctifiés selon eux par la grandeur du résultat à atteindre. En flétrissant comme ils le méritent de semblables agents et les moyens qu'ils emploient, soumettons-nous à l'ordre de la Providence qui semble avoir établi comme une loi, dont l'application peut s'adoucir, mais dont le principe est écrit en traits de sang dans l'histoire, que les grands progrès en ce monde, comme s'ils devaient être trop chèrement payés, n'ont pu se dégager que du conflit des passions humaines et des convulsions sociales.

Versailles. — Imprimerie de E. AUBERT, 6, avenue de Sceaux.

www.ingramcontent.com/pod-product-compliance
Lightning Source LLC
Chambersburg PA
CBHW071501200326
41519CB00019B/5835